$99

荷花出版
EUGENE GROUP

懷孕漫畫
輕 鬆 睇

U0130824

荷花出版

懷孕漫畫輕鬆睇

出版人：尤金

編務總監：林澄江

設計製作： 周傑華、李榮樂

出版發行：荷花出版有限公司

電話： 2811 4522

排版製作：荷花集團製作部

印刷：新世紀印刷實業有限公司

版次： 2023年12月初版

定價： HK$99

國際書號： ISBN_978-988-8506-88-0

© 2023 EUGENE INTERNATIONAL LTD.

荷花出版
EUGENE GROUP

香港鰂魚涌華蘭路20號華蘭中心1902-04室
電話：2811 4522 圖文傳真：2565 0258
網址：www.eugenegroup.com.hk
電子郵件：admin@eugenegroup.com.hk

開心睇漫畫學懷孕

現今的孕婦不少都是在職的，白天工作已十分繁忙，若要吸收多一些懷孕知識，只有在工餘時間進行，因此，從哪裏獲取資訊便成為她們所關心的事項。

對這群在職孕媽來説，獲取懷孕資訊當然最好是又快又多，而資訊內容最好是又易讀又實用，以達致在最短時間內獲得最多資訊的經濟效果。始終白天工作已夠忙，花了不少心力，身心已疲累，若晚上仍需花大量時間找懷孕資訊，閱讀如論文般的文章，那就倒不如不看好了！所以找資料的途徑要方便，資訊內容要「user friendly」，對這群在職孕媽是十分重要的。

在現今甚麼也上網的年代，找資訊要上網已是常識了，相信在職孕媽對這方面的經驗已十分豐富了。當然有些孕媽的求知慾不止於網上，更會到書局或圖書館搜尋實體書來閱讀，因為她們覺得，書本的資料感覺較堅實可信，但這樣的「另類」孕媽，又有多少呢？

在網上找資料這途徑方便是夠方便了，但資料內容又如何？通常，你想找的資料，只要按入關鍵字即可彈出有關資訊，長短文章皆任君選擇。網上海量的資訊，不怕你不閱讀，只是怕你不夠時間閱讀。至於是否可信，則視乎其來源了，當然若有具名的專業人士親述或撰寫，比起一些來歷不明或討論區裏的七嘴八舌言論，來得較高的可信度了。因此，上網找資訊，必須抱有篩查慎選的心態，勿隨便毫無過濾全盤接收所有言論。

有些資訊，不全是以文字表達，而是以圖畫帶出，但不要以為這就不能充分表達訊息，反而因為有了繪圖輔助，令讀者更容易掌握箇中含義。現時流行的甚麼「圖解」、「繪本」、「漫畫」之類都屬這類型。本書也屬這類型的出品，一方面用圖解的方式，配以少量文字解説，令讀者容易掌握懷孕的資訊，另一方面以短劇場小故事的連環圖形式，帶出孕期的處境，當中包含孕期的甜酸苦辣、生活趣味，都令人會心微笑。若想以輕鬆愉快的心情獲取懷孕資訊，這本坊間罕有的 user friendly 漫畫繪本，妳一定不能錯過了！

目 錄

Part 1 孕婦短劇

HealthBaby
生寶臍帶血庫

香港**最尖端幹細胞科技**臍帶血庫
唯一使用**BioArchive®**全自動系統

FDA 認可

thermogenesis
bioarchive®

✓ 美國食品及藥物管理局(FDA)認可

✓ 全自動電腦操作

✓ 全港最多國際專業認證
(FACT, CAP, AABB)

✓ 全港最大及最嚴謹幹細胞實驗室

✓ 全港最多本地臍帶血移植經驗

✓ 病人移植後存活率較傳統儲存系統高出10%*

✓ 附屬上市集團 實力雄厚

esearch result of "National Cord Blood Program" in March 2007 from New York Blood Center

24小時查詢熱線: 香港 (852) 3188 8899　|　澳門 (853) 2878 6717　|　www.healthbaby.hk

目錄

Part 2 孕婦漫畫

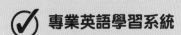

Part 1

本章以連環圖的故事形式，帶出孕期日常生活
出現的問題，故事包含溫馨、資訊，有些更令人會心微笑。
孕媽抱住輕鬆愉悅的心情閱讀，
懷孕心情也更開朗！

食得是福

撰文：楊琛琪　插圖：鄧本邦

懷孕初期，不少孕媽媽都會出現嘔吐、反胃及噁心等的妊娠不適症狀，以致經常食慾全失、食量大減。本文的主角孕媽亦遇上類似情況，在身邊支持她的孕爸會怎樣幫忙呢？

備孕了好一段日子後，我和老公終於迎來了BB。

真的嗎？太好了！

老公，我們終於bingo啦！

可惜開心不到幾天，我馬上就體驗到比想像中更要難受的妊娠不適。

老婆，今天我特別炮製了你最愛的餸菜！

Sorry，我一聞到食物的味道就有反胃感，完全吃不下……

沒關係，就喝湯好了。掉剩的飯菜我來吃。

11

於是乎……

一個月後。

喂，老友！好久不見了！

我聽說你太太懷孕了，但原來真正懷孕的是你呀！

孕媽搭地鐵

撰文：何雍怡　插圖：鄧本邦

　　不少孕媽媽的肚子不大，即使已經懷孕數個月仍然不顯眼，乘坐公共交通工具時，難免遭遇到沒有人讓座的情況，有些是無心的，有些卻是裝作看不見。當然，還有些人會在你意想不到下雪中送炭。快來看看今次的孕媽媽最後能否坐下吧！

「忙碌了一整天，還
要和人逼地鐵……」

15

「唉！只怪肚子還太小，不似個大肚婆，難怪沒人讓座啦！」

「姐姐...」

「姐姐，我的座位給你坐！」

「謝謝你，真乖！」

16

千草堂艾薑包

天然草本　傳統配方

艾草

舒緩疲勞

薑皮

驅寒、暖身

艾薑包

（珍寶裝640g）
*每袋 8 小包

 www.hkcct.com.hk　 HKTV mall　Chien Cao Tong

千草堂官方網站及HKTVmall有售

三人旅行

撰文：楊琛琪　插圖：鄧本邦

　　去旅行已經是不少人放鬆身心、減壓的方式之一，尤其當夫妻結伴同遊、又是彼此的最佳旅伴，旅行更能促進夫婦間的感情。不過有時候，即使在行程策劃時已考慮到方方面面，但遊玩的過程中也會遇到一些意料之外的事，因而須改變原先的計劃。本文主角也碰巧在其旅程中遇上一件「小意外」，到底是甚麼呢？他們又會怎樣解決？

我跟老公十分熱愛旅行，有空常常會到各國遊玩。

隔了整整一年，我們終於夾到時間再次出發。

19

20

去郊遊 樂悠悠

撰文：鍾卓凝　插圖：鄧本邦

　　春天百花齊放，天氣開始回暖，是與家人出外郊遊野餐的好時節，即使是孕婦也應該外出散散步，舒筋活絡，呼吸一下新鮮空氣。但注意，孕婦要量力而為，在享受自然美境和天倫之樂的同時，亦要留意保重。

每天在家安胎悶死了……

我們出去吧!

我可以出去嗎?

你懷孕快五個月了,胎兒較穩定,出外放鬆一下也是好的。

24

採用天然植物纖維
更柔軟更滋潤

水溶可降解
帶走PAT PAT99%細菌

天然嬰兒濕紙巾

不沾手

**天然
植物纖維**

**親和肌膚
柔軟滋潤**

208片

經濟裝

可分解
不淤塞

**可安心沖走
全天然無塑膠**

蘊含蘆薈、洋甘菊
及維他命E

不含MIT、Paraben、
香料及無添加酒精

通過測試
敏感肌適用

適用於手部、
面部及身體

大肚應做的防護措施

撰文：張錦榕　插圖：鄧本邦

懷孕期，孕媽媽要格外小心，老公陪同孕媽媽外出做產檢後，回到家有甚麼要注意？一起來看看他們的防護措施吧！

終於又完成一次產檢了。

剛剛去完醫院，更加要注意清潔，先消毒鞋底！

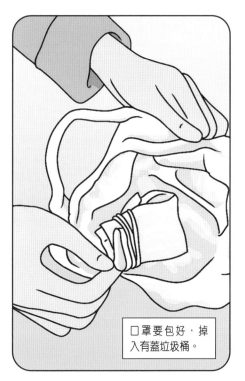

口罩要包好，掉入有蓋垃圾桶。

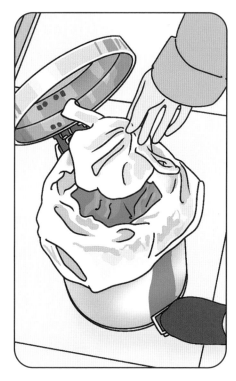

外套脫下後放洗衣籃。

記得要洗手最少20秒。

亦要洗乾淨身體。

果然到外面走走筋骨都沒那麼痠痛了。

洗澡後若感到皮膚乾燥，可塗上潤膚霜。

平日要多做運動，保持身體健康。

孕期好習慣

撰文：王鳳思　　插圖：鄧本邦

　　孕媽媽懷孕期間與準爸爸一起養成好習慣是如何的體驗？準爸媽在生活上一起養成小習慣不但可以增加夫妻親密度，還可以讓胎兒有更好的發育，成為一個健康的寶寶。齊來看看生活上有甚麼好習慣！

老婆早晨，我去煮早餐你吃！

原來懷孕期間要注意這麼多東西。

寶寶好健康喔，你們看這裏是他的手仔。

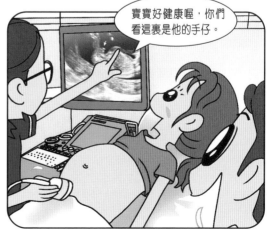

31

今天來參加湊B實習班的人都有機會幫假BB換片和着衫。

我下一次換片一定會更好！

我感受到寶寶踢了一下。

老公，謝謝你一起陪我養成好習慣。

這是我應該做的。

AM 12.01

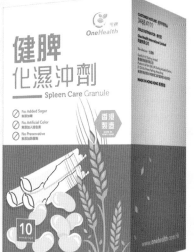

變身小搞作

撰文：張錦榕　插圖：鄧本邦

　　10 月 31 日是萬聖節，相信不少媽媽會在這天裝扮一番，參與派對，但孕媽媽在懷孕後肚子隆起來，舊衣服可能會不合身了。不過，只要花一點心思，改裝一下，舊衣亦可以「循環再用」的。即使大肚，孕媽媽仍然可以做一位型格的女超人！

35

36

伴隨成長，從0到99歲
Lasts a Lifetime

MAXI·COSI®

Nesta 成長餐椅

We carry the future

準媽媽的煩惱

撰文：何雍怡　插圖：鄧本邦

看着肚子一天比一天大，孕媽媽的心情想必一天比一天期待，不過，在期盼之餘，也許有些緊張和焦慮，因為有非常多的嬰兒用品要準備和購買。本文主角也面對同樣煩惱，究竟她最後如何解決？一起看下去吧！

看看這張床，豪華精緻，BB睡在裏面十足王子或公主呢！

來看看這些奶瓶，選一個好的奶瓶對BB至關重要呢！

還有BB車，都是不可或缺的！

現在已經懷孕中期了，那麼多嬰兒用品和衣服要買，花多眼亂，又要四處格價，怎麼辦？

不要緊，船到橋頭自然直呢！我們逐樣選購吧！

我帶了嬰兒尿片給你！

這是我兒子初生時穿的衣服，現在正好由你兒子接力，又可支持環保！

有你們太好了！減輕不少我的煩惱呢！謝謝你們！

40

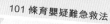

媽媽最強收身大法

撰文：楊琛琪　插圖：鄧本邦

　　雖然懷孕產子是一件大喜事，但對不少貪靚又注意形象的孕媽媽來説，產前產後的體重增幅、身形走樣也是一個令人着急的問題。我們今期的主角亦少不免有此類的煩惱，到底她會如何應對？一起看看吧！

懷孕前，我的身材keep得非常好，讓我引以為傲。

終於──

但懷孕後，為了BB，加上口味的轉變，我越食越多。

啊！！

原來肚子隆起來，衣服不合身了。

現在開始做適量運動，提前減磅怎樣？

為了產後能夠快速收身，我開始控制食量，努力做運動。

夢寐以求
Long-Cherished Desire

獲得紡織品
無毒測試認證
Standard 100
by Oeko-Tex

哺乳枕
Nursing Pillow

初生套裝
New Born Set

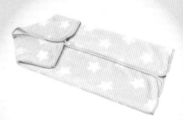

兩用毛毯
Blanket Nest

www.cambrass.net

最好的胎教音樂

撰文：楊琛琪　插圖：鄧本邦

　　為了給寶寶最好的教育，不少孕媽媽在寶寶還未出生時，就開始進行不同的胎教，以培育寶寶不同的天賦和能力。本文主角夫婦本身就是音樂愛好者，為了培養寶寶的音樂天賦，音樂胎教當然必不可少。到底他們會怎樣開展寶寶的音樂胎教？一起來看看吧！

我和老公都是搖滾樂迷，每年至少都會親身去聽一次演唱會。

48

健忘的「金魚腦」

撰文：馮瑞洋　插圖：鄧本邦

　　常說：「一孕傻三年」，10 個孕媽有 9 個都覺得自從懷孕後，記憶力開始越來越差，生完孩子後更是健忘，常常丟三落四、忘了前一秒想好要做的事，就像金魚一樣只有 7 秒的記憶，實在令人崩潰……不過其實也有幫助記憶的方法，孕媽媽可以一樣一樣慢慢來，不用心急的。

我記得好似未買廁紙！

不要緊吧！難得大減價，反正也是消耗品！

今日超市感謝日大減價，我買了很多東西呢！

吓？你為何買這麼多廁紙呀？

咦...為甚麼家中已經有這麼多...

我好無用，買了這麼多怎麼辦...

不要緊啦！廁紙可以慢慢用，不會過期的！

以後你把要買的東西寫在簿上，就不怕了！

51

孕期紀念品

撰文：楊琛琪　插圖：鄧本邦

每一次懷孕，對於孕媽媽來說都是一段獨特而珍貴的回憶。懷胎十月的孕媽媽，在不知不覺間會存下不少孕期紀念品，希望與長大後的孩子分享這段記憶。可惜香港地居住環境有限，如何安置這些紀念品就成為了一個令人頭痛的問題。就算已經決定要好好保存，偶爾也會發生一些令人沮喪的意外，令美夢破碎......

我一直有留下孕期紀念品的習慣，但如何妥善保存它們卻成為一個麻煩的問題。

加上生完第二個孩子後，又多了很多需要保存的紀念品......

唉！這些都是很有紀念價值的，不能丟掉！

孩子們穿過的舊衣

媽，我跟朋友有約，麻煩你幫忙看一下孩子。

沒問題。

我晚上才回到家，你們要乖乖聽婆婆話啊！

已經睡着了？真乖！

咦？對啊！我匆匆出門都忘了把東西放好。

不是吧！

抱歉，我沒注意這些是你的東西，以為都是孩子的玩具……

發生甚麼事了？

我真是一個失敗的母親！連小小的紀念品都不能保管好，孩子們珍貴的回憶都被我葬送了！

那些美好的回憶，一直都被安全地保留在這裏——

是的。那些最寶貴的回憶，其實早已被刻在心裏……

53

老公送禮的心思

撰文：梁惠娟　插圖：鄧本邦

老公得知妻子有身孕後，當然十分興奮，更會特意買禮物送給妻子或肚裏的胎兒。送禮最怕就是「送錯禮」，自己猜想對方會喜歡的，但對方則未必如是想，即使俗話說「物輕情義重」，心意重要過禮物，但當對方收到一份不合心意或「奇怪」的禮物，不免感到「日汗顏」！

隔日…

老公，我有BB了！！

真的！？我要做爸爸啦！！！

為了慶祝你懷孕，我特意送禮物給你。

真的？太好了！

55

大喊包

撰文：區芷君　插圖：鄧本邦

相信許多孕媽媽，都曾經歷情緒波動的日子，除了心情變得陰晴不定外，有時更會無故動怒，或是無故哭泣。一些原本不太愛哭的女性，懷孕後可能亦會化身「大喊十」，為一些自己也無法理解的小事而哭。不過，只要沒有影響到情緒，偶爾當個感性的喊包也不算是件壞事吧！

自從懷孕後，我卻像變了另一個人。

在整個孕期中，我總為了一些瑣事哭泣。

到了生產當天…

啊！！

老婆，加油！

我們的BB終於出生了！老婆，辛苦你了！

嗚嗚…BB…真是可愛得太讓人感動了！

我也不知道！總之我現在就是很想哭！

先生，看來你家中以後會有兩個喊包了！

情人節 3 人過

撰文：何雍怡　插圖：鄧本邦

　　二月除了農曆新年外，最令每對情侶期待的就是 14 號的情人節。以往這個日子是屬於夫婦倆的二人世界，兩口子甜蜜地度過這天，但今年開始，二人之間多了一個「第三者」，從此，情人節便變成三人一起過了。齊來看看今次爸爸給了孕媽媽何等驚喜吧！

59

不一樣的情人節

撰文：張錦榕　插圖：鄧木邦

2月是浪漫的情人節，當2人世界變成3人世界後，從此情人節就變得不一樣。當然3人的情人節依然甜蜜溫馨，各位媽媽好好在這天享受一下吧！

未有BB前的情人節，我們是如此度過的。

有了BB以後的情人節......

老婆我上班了，再見！

Byebye 老公！

老婆BB我回來了！

兩位情人，情人節快樂！

11:59pm

母親節禮物

撰文：鍾卓凝　插圖：鄧本邦

母親節快到來，各位孕媽媽是否已經真切地體會到身為媽媽的感覺呢？一年一度的母親節，你們會怎樣與媽媽一起度過呢？

買甚麼送給媽媽好呢？

家電怎麼樣？實用又有心。

但她好像沒甚麼缺的。

星期日回來食飯吧，別買禮物，留來當奶粉錢吧！

媽媽煮的飯餸是最好味的！

現在你也是媽媽了，第一年就先由我送你母親節禮物吧。

母親節的故事

撰文：楊琛琪　插圖：鄧本邦

又到一年一度的母親節，今年升格為「媽媽」的你，馬上就要肩負母親的責任，照顧即將出生的小生命。有資格過母親節的你，有聽過關於母親節的故事嗎？沒關係，跟着本文主角，一起看看這則動人的小故事吧！

每年5月的第二個星期日，我們都會過母親節。不過，你又知道現代母親節的由來嗎？

一切還要從20世紀初時，

美國的安娜女士及其母親說起。

安娜的母親是一位積極的女性運動組織者，除了籌組過婦女俱樂部外，更曾組織志願者在南北戰爭期間，照顧受傷士兵。

受到母親及當時社會氣氛的影響，安娜從小亦熱心參與各種社會運動，為女性爭取合理權益。

1905年的5月，安娜的母親於費城去世。

為了紀念母親，安娜說服教會又聚集了不少家庭，在母親去世3周年舉行紀念儀式，並以白色康乃馨佈置場地，代表母愛的甜美、純潔與永恆。

其後，安娜更與朋友一起寫信給各界名人，尋求他們的支持，以訂立一個全國性的母親節日。

皇天不負有心人，到了1914年5月，美國國會通過議案，訂定5月的第二個星期日為全國性的母親節。

康乃馨也成為母親節的象徵，是每年向媽媽表達感謝的禮物之一。

原來母親節背後有一個這麼感人的故事。我也要做一個好媽媽，讓寶寶為我而驕傲！

真是的，居然在看書途中睡着了——真像小孩子！

66

媽媽寶寶　最營食譜

67款輕鬆易煮兒童滋味餐 $130

61 款糊仔 0-1歲寶寶賦煮
創意糊仔

自家速製創意糊仔 $130

67款 美味當前
兒童滋味餐

61 幼兒開胃涼伴食譜

61款幼兒開胃涼伴食譜 $130

寶寶嘅飲食寶庫！

寶寶湯水大補鑑
99加10種

寶寶湯水大補鑑 $99

47款幼兒小食

簡易自製47款幼兒小食 $99

133款私藏靚湯

幼兒保健133款私藏靚湯 $130

BB糊仔

媽咪炮製BB糊仔 $99

136 寶寶湯水

一學就會的136款寶寶湯水 $130

BB 0-1 私房菜

0-1歲BB私房菜 $99

幼兒營食

自家手作幼兒營食 $110

6大 創意小吃

0-2歲寶寶6大創意小吃 $99

62 糕餅小點 輕鬆焗

寶寶至愛62款糕餅小點輕鬆焗 $130

101 幼兒保健湯水

101款幼兒保健湯水 $99

上圖片只供參考。優惠內容如有更改，不會作另行通知。如有任何爭議，荷花集團將保留最終決定權。

查詢熱線：2811 4522

驚喜的父親節

撰文：何雍怡　插圖：鄧本邦

各位孕爸爸想必十分期待了吧？本文主角是一對很渴望當父母的夫婦，尤其是丈夫，這種心情在節日即將來臨時更為濃烈。究竟他能否如願以償呢？一起看下去吧！

父親節快到了，見到其他爸爸那麼開心，如果我也可以當爸爸就好了！

這些事哪能強求？我們現在也很開心呀！

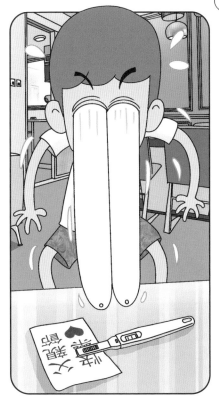

一直不告訴你，就是想給你驚喜呢！

太好了！我一定會好像錫老婆大人一樣錫BB！

孕婦的聖誕

撰文：張錦榕　插圖：鄧木邦

Jingle bell，jingle bell...... 來到 12 月，又到聖誕節了，四處都是聖誕裝飾，充滿節日氣氛，而孕媽媽的聖誕節，是肚中多了一個小生命，與家人普天同慶是最快樂的事了！

老公，快到聖誕節了，我們如何慶祝好？

我想去日本旅行！

你有了BB，我們今年不外出。

不如我們在家中辦聖誕party吧！

與家人一起過的聖誕節是最溫馨的。

新年新氣象

撰文：王鳳思　插圖：鄧木邦

新年應節食物多多，對於懷孕媽媽來說，為了胎兒健康成長，需要特別注意飲食喔！節日期間也不要暴飲暴食，更不要吃肥厚高膩的食物，以免影響胃腸的消化功能。

我要吃蘿蔔糕。

我不想吃這些！

那我們出去吃。

小思，新年快樂！

林生林太，新年快樂！

不如我們現在去爸媽那邊拜年吧！

這麼齊人，可以一起打麻雀。

新年好！

好提議！

老婆真好運

我們去吃大餐。

73

Part 2

孕婦漫畫

本章以一幅幅圖解漫畫，配以一小段文字，
講解孕婦要注意的事，讀來輕鬆，容易掌握箇中資訊。
本章輯有約 40 條題目，例如懷孕禁忌、
改善失眠方法等，十分實用。

孕媽轉季
護理貼士

撰文：何雍怡　插圖：鄧木邦

　　春天來到，氣溫開始回升，但這時節的天氣乍暖還寒，稍一不慎很易着涼，孕媽媽尤其要保護身體，健康地迎接寶寶。轉季時要怎樣才能做個有強健體魄的孕媽呢？馬上看看以下貼士吧！

注意保暖

　　春季氣候冷熱交替，是感冒等上呼吸道疾病高發的季節。孕媽媽不要急於脫掉冬裝，應多穿着一段時間，以緩慢調整身體的代謝機能，適應新的氣候。

小毛病要看醫生

對高齡孕婦而言，即使是小毛病都不容忽視，尤其在轉季時，孕婦容易患上感冒，或出現發燒等症狀。在這個時候，孕婦需詢問醫生意見，切忌亂服用藥物。有醫生更指，如出現肚瀉、肚痛的情況，最好找婦產科醫生檢查身體。

冷氣不能代替開窗

應讓新鮮空氣不斷進入室內，至少在午睡後和晚睡前打開窗戶進行通風換氣。習慣開冷氣的家庭也不能一天 24 小時門窗緊閉，不能完全靠冷氣的換氣模式保持室內空氣新鮮。

日間開窗換氣

另外，要在太陽出來後再開窗換氣，不然的話室內的二氧化碳濃度較高，對孕婦不利。如果空氣污染指數大，可借助空氣清新器。

避免人多場合

轉季是流感高鋒期，孕媽媽最好不要到人多的地方和公共場合，一來容易染病，二來這些地方空氣污濁，可能會影響胎兒的氧氣供應。

勤洗手

孕媽媽切記要多洗手，在觸摸或使用各種物品後，亦要徹底洗淨雙手，盡量避免用手觸摸眼睛、鼻和口；孕媽媽亦可多用淡鹽水漱口，保持口腔清潔。

保持家居衞生

除了保持室內空氣流通，有孕媽媽的家庭更要確保家居衞生清潔，遠離流感病人，最好室內經常清掃消毒，保持衞生整潔。

避免接觸流感病人

家中若有人出現流感症狀時，孕媽媽應戴口罩，並經常替換；亦不要與病人近距離接觸，或在一個房間休息。

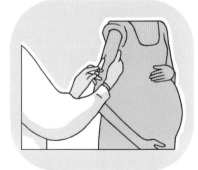

注射流感疫苗

在轉季時的流感高峰期，孕媽媽應接種季節性流感疫苗，以減少自身及胎兒患上急性呼吸道感染的機會。疫苗的效果可靠，對孕婦和胎兒也是安全的。

作息要規律

孕媽媽生活要有規律，不要過於勞累，應保證每天的睡眠時長在 9 至 10 小時左右，能有效增強對病毒和細菌感染的抵抗力。同時多喝開水，也是促進機體的代謝功能，抵禦病毒入侵的好辦法。

做適當運動

運動能強身健體，孕媽媽可選擇瑜伽、急步行、游泳等溫和運動。為了減低風險，運動前後應做伸展操，紓緩肌肉。若在做連動期間感到肚痛，就必須立即停止。

飲食要均衡

有很多女性在懷孕期間，盲目補充鈣質，但有營業師指孕婦過量補鈣，胎兒有機會患上高血鈣症，產後嬰兒更可能有顎骨寬闊及突出情況；而過量攝取維他命 A，則會導致早產或胎兒發育不健全。

保持良好心理狀態

中國歷來就有「傷春悲秋」的説法，而春季氣候多變，容易干擾人體固有的生理功能。如自身適應能力差，可出現機體內外失衡，導致心理混亂的狀況。因此，孕媽媽保持心情舒暢，樂觀豁達，情緒穩定，有利於胎兒生長及中樞神經系統的發育。

孕媽夏日
消暑妙法

撰文：楊琛琪　插圖：鄧本邦

炎炎夏日，走在萬里無雲的大街上，即使是一般人都被熱得難以忍受，更何況腹大便便的孕媽媽？面對懷孕期間的體重急升和體形改變，再加上 BB 的重量，往往令孕媽媽不勝負荷，還異常怕熱。今期就為孕媽媽整理出 13 條消暑妙法，供夏日陀 B 的孕媽媽參考。

用冷水泡腳

平日會用到溫熱的水來泡腳，在夏天時不妨改用冷水，協助身體降溫。

冷敷面部或脈搏處

　　將濕冷的毛巾或冷敷墊放在手腕處的脈搏和面上，能使身體快速降溫，迅速感覺涼爽。

多喝水

　　注意補充足夠水份，隨身攜帶水瓶，避免身體處於缺水狀態。

調節室內溫度

　　開冷氣有助調節室內溫度，除此以外亦可以開窗、開電風扇或拉上窗簾，讓家中保持涼爽。

帶備小型電風扇

　　隨身攜帶小型電動風扇，以便外出時使用，方便又涼爽。

攜帶噴水器
或冷卻噴霧

在噴水器中加入清水，悶熱時可噴一噴面部；或可以購買孕婦適用的冷卻噴霧，有效紓緩酷熱下的不適。

外出戴帽及雨傘

外出時可戴上帽沿較大的遮陽帽及遮陽傘，方便蓋住面部和肩膀，避免中暑。

穿吸汗且寬鬆
的麻質衣物

炎夏時可穿着寬鬆的麻質衣服，其優良的吸汗力和透氣度有效降低暑熱的不適。

游泳

在陽光不太猛烈時，孕媽媽可選擇去游泳，做運動之餘還能降溫。

自製檸檬蜜糖水

可飲用加入檸檬的蜜糖水，清爽涼快的口感有助驅走暑氣。

保持靜止或緩慢移動

所謂「心靜自然涼」，孕婦可在夏天減少外出活動，行動時亦可減慢速度，以免出汗。

可以吃雪糕

孕媽媽可以淺嚐雪糕，但必須選擇既安全又衞生的雪糕品牌，避免吃軟雪糕，以免感染李斯特菌。

可以飲冷飲

孕媽媽亦可以飲冷飲，最好為罐裝或紙包裝的凍飲，避免飲用餐廳提供的加冰凍飲，以確保衞生。

孕媽夏日
最佳活動

撰文：楊琛琪　插圖：鄧本邦

夏天是充滿活力的日子，孕媽媽想必也很想和肚中寶寶一起活動活動吧！以下提議了一些適合孕媽媽的夏日活動，孕媽媽參考一下，一起過個美滿夏天吧！

到海灘游玩

陽光和海灘是夏天的主角，孕媽媽也去放鬆一下吧！

曬太陽

　　只要做足防曬措施，孕媽媽盡情擁抱陽光吧！曬太陽還可以吸收維他命 D 呢！

淺嚐雪糕

　　孕媽媽可以淺嚐雪糕，但必須選擇既安全又衞生的雪糕品牌，避免吃軟雪糕，以免感染李斯特菌。

游泳

　　游泳對孕婦來說是很好的運動，又可以消暑。

到郊外遊玩

　　在陽光不太猛烈時，孕媽媽可到郊外活動，舒展身心。

遊船河

　　只要做好安全措施，孕媽媽一樣可以遊船河，享受陽光與大海。

到商場血拼

　　天氣過於酷熱的日子，最好躲進「涼浸浸」的商場避暑。

到咖啡廳

　　雖然不能喝咖啡，但孕媽媽仍有很多選擇，例如朱古力，孕媽媽一樣可以在咖啡廳過上一個悠悠的下午。

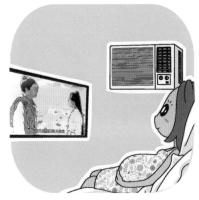

看電視

　　有甚麼比在家中歎着冷氣看電視更適合的夏夜活動呢？

敷面膜

　　炎炎夏日，在家中敷上一個冰凍面膜，既能護膚又能鎮靜情緒。

去 Babymoon

　　懷孕中期的孕媽媽，可考慮到外地旅遊，讓肚中寶寶嘗嘗坐飛機的滋味。

做水療

　　孕媽媽可到美容院做水療，放鬆一下。

多喝水

　　孕媽媽在進行夏日活動時，要注意補充足夠水份，隨身攜帶水瓶，避免身體處於缺水狀態。

秋日孕媽

鬆一鬆

撰文：張錦榕　插圖：鄧本邦

踏入秋天，秋風氣爽，正是外出郊遊的好時機，孕媽媽平日活動難免受限，可趁未卸貨前，做些與眾不同的事，為孕期添加一點樂趣。

單車離島遊

懷孕時不便踏單車，坐在後座，
讓老公載自己正是人生一大樂事。

草地野餐

準備好美食去野餐，坐在草地上閒聊、睡個午覺，或是放空，悠然自得。

戶外瑜伽

懷孕時做瑜伽有助紓緩痛症，在戶外做瑜伽亦是個與眾不同的體驗。

拍孕照

懷孕的媽媽別有一番美態，當然要拍照紀念這段難忘的時光。

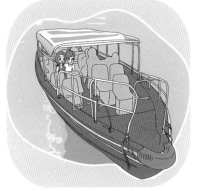

遊船河

香港是個四面環海的地方，只要坐上船隻，迎着陣陣微風，就欣賞到水上的美景。

賞紅葉

秋天來到，樹上的葉子由綠轉紅，美不勝收，正是賞紅葉的時候。

戶外燒烤

踏入秋天，涼風送爽，又是享受燒烤樂的最佳季節。

寫生

趁着未卸貨的日子，抓着最後的自由時光，做一些寫意的活動吧！

烹飪美食

秋天是適合進補的季節，孕媽媽不妨炮製一頓南瓜盛宴，享受下廚的樂趣。

賞芒草

芒草的最佳觀賞期是秋季，香港也有不少的地方可以欣賞到芒草，但孕媽媽要小心山路崎嶇不平。

Shopping 添新衣

懷孕時身形出現變化，有些衣服可能會不稱身，是時候要添新衣了！

織頸巾

天氣開始轉涼，是時候動手織頸巾，想着未出生的寶寶穿起自己親手織的衣物，不禁期待萬分。

坐纜車賞美景

坐上纜車，美麗的風景盡收眼底，令孕期緊張的心情得到紓緩的出口。

冬日保暖
有甚麼注意？

撰文：楊琛琪　插圖：鄧本邦

踏入 12 月，寒風吹來。不少怕凍的孕媽媽早就有所準備，翻出大量的禦寒衣物、保暖內衣及其他保暖產品，與家人一起迎接冬日的蒞臨。不過，為了胎兒的健康和安全着想，孕媽媽在保暖上也有不少要特別留神的地方。到底孕媽媽保暖時要注意甚麼？

穿衣不宜過於厚實

孕婦的新陳代謝較為旺盛，皮膚散熱量增加，若穿得過多導致出汗，外出時吹風會更容易染上感冒。

棉質保暖內衣

　　棉質的輕柔觸感，不僅舒適，而且保暖效果好，孕媽媽可以選購以棉質為主的保暖內衣。

洗澡不宜過熱

　　使用過熱的洗澡水，會令孕媽媽的皮膚及肌肉血管擴張，導致供給子宮胎盤的血流量下降，可能造成胎兒缺氧而引致流產。孕媽媽應注意把握洗澡的時間，避免過長。

避免用暖貼、暖水袋

　　懷孕初期的孕媽媽腹部不能過熱，若把暖貼、暖水袋等保暖產品置於腹部，高溫可能會導致子宮收縮，影響胎位，嚴重者可能引致胎兒發育畸形、早產。

禁用電熱毯

　　電熱毯通電後會產生電磁場，可能影響胎兒早期的細胞分裂，使其發生異常改變，對胎兒的大腦、神經、骨骼等發育造成不良影響。因此，懷孕初期的孕媽媽應避免使用電熱毯保暖。

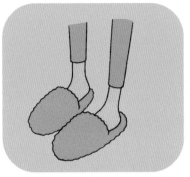

穿着保暖鞋、手套

　　懷孕初期，孕媽媽大部份的血液會集中在子宮，使四肢末梢的血流量略嫌不足，以致出現手腳冰冷的情況。針對此情況，孕媽媽應準備一雙能包裹足跟部的保暖棉拖鞋及保暖手套，為手足保暖。

注意居室通風

　　在冬日中，孕媽媽亦應注意讓家中的空氣流通，以防止空氣變得污濁，讓病菌得以滋生。

多曬太陽

　　孕媽媽宜適量地曬太陽，堅持每天至少曬太陽半小時，利用紫外線在體內合成維他命D，以協助身體對鈣的吸收和利用。

減少前往公共場所

　　冬季氣溫低，溫差變化大，呼吸道抵抗力降低，容易患病毒性傳染病，如感染流行性腮腺炎、流感病毒等。孕媽媽最好減少前往人多繁雜的公共場所，以免感染疾病。

進行室內運動

　　孕媽媽可在室內進行孕婦體操、瑜伽等的簡易運動，以提高身體的耐寒及抗病能力，同時有效令身體和暖。

少打邊爐

　　打邊爐會把生肉片放在煮開的湯料中即燙即食，此種食法卻難以殺死生肉中的弓形蟲幼蟲及李斯特菌，衛生問題較多，懷孕初期應避免進食。

勤加護膚保濕

　　冬日天氣乾燥，加上懷孕期間的荷爾蒙及身體變化，孕媽媽除了腹部皮膚會被撐開外，其他部位的皮膚也在撐大，導致痕癢感覺叢生。孕媽媽應在孕期勤加使用適合的護膚品，為肌膚保濕止癢。

接種流感疫苗

　　冬季為流感高峰期，作為流感的高危人群之一，孕媽媽在感染流感後出現嚴重併發症，並引致死亡的風險同樣高於常人。孕媽媽宜在懷孕12周後盡早接種流感疫苗，以降低患病風險。

大肚
慶祝母親節

撰文：何雍怡　插圖：鄧本邦

踏入五月，母親節又來了！大家想好怎樣過了嗎？可以是和家人共享天倫之樂；也可以做些舒展身心的活動。以下羅列了一些慶祝方式，各位孕媽媽不妨參考一下！

百聽不厭的愛你

在這個特別的節日，對媽媽表示愛意的最直接方式便是多跟她說：「我愛你！」

做 Spa 嘆世界

現時很多美容院有孕婦按摩療程，孕媽媽可趁機放鬆身心。

到郊外舒展身心

這個月份正值春夏交界，戶外綠意盎然，孕媽媽可到郊外活動，吸收大自然的靈氣。

聽音樂會

音樂能放鬆情緒，在母親節不妨聽聽音樂會，無論古典或流行曲，都能令孕媽媽心情愉快！

溫馨晚飯

一家人在家中吃晚餐，不用花費太多，過個溫馨的母親節，享受天倫之樂。

豐盛大餐

若家中除了媽媽之外無人懂得煮飯，當然不能勞煩媽媽，可選擇到餐廳享用母親節大餐。

閒在家中

在家千日好，母親節不用特備節目，孕媽媽可整天在家中休息、敷面膜等，享受一天優悠的假期也不錯。

看電影

看電影可令人歇一歇息，孕媽媽可選擇一齣好戲，和摯愛一起觀賞，享受二人世界。

購物

有些人一購物，再差的心情都會好起來，何況是在這個慶祝媽媽的大日子，有些商店會有特價，趁母親節將心儀的東西買下來吧！

參加花藝班

近年有不少花藝工作坊，教授以不同種類的花朵製作小盆栽，孕媽媽可選擇喜愛的花朵，給自己一個特別的禮物！

買母親節蛋糕

蛋糕店總會在特別節日推出又美麗又可口的蛋糕，母親節也不例外，孕媽媽在這天便大快朵頤一下吧！

自製相框

有甚麼比兩夫婦或一家人的回憶珍貴？在這個日子，送給媽媽自製相框，配上一家人的幸福合照便最好不過！

三五知己聚一聚

當了孕媽媽，可能加入了網上「媽媽群組」，這個日子不妨相約出來聚首一堂，分享懷孕心得吧！

孕媽中秋
減廢有法

撰文：何雍怡　插圖：鄧本邦

中秋節又到了，各親朋戚友都趁着這個人月兩團圓的日子聚首一堂，一起吃月餅、賞月、玩燈籠。不過，近年環保意識興起，不少人都留意到佳節過後造成大量廢物。以下教大家減廢小貼士，讓人人都做個環保孕媽媽，給寶寶一個綠色未來！

預算好月餅數量

先預算好所需月餅的數量才購買，孕媽媽不能吃太多月餅，今年的中秋就不要買太多了！

選購簡約或環保包裝

　　有公司推出以蔗渣物料包裝的月餅，孕媽媽購買時可採用這些環保包裝。

分享過量月餅

　　若家中有吃不完的月餅，可轉贈慈善團體或有需要的人。

準備適當份量食物

　　賞月、聚餐或燒烤時，預備適當份量的食物，避免浪費。

避免塑膠樽裝水

　　預備足夠的飲用水，避免購買塑膠樽裝水。

使用可重用的餐具

聚餐時，孕媽媽可準備自家餐具，不要用塑膠餐具。

拒絕使用即棄熒光棒

熒光棒由不同化學物質熒成，丟棄後會污染土壤和水源，因此孕媽媽要避免使用，並呼籲親友支持。

重用舊燈籠

燈籠不用年年換，孕媽媽可使用去年的燈籠，一樣有氣氛！

自製環保燈籠

利用廢物製作燈籠，例如使用柚子皮。

回收月餅盒

　　按製造物料將月餅盒和其他包裝物料，放進相應的回收桶，或交到舉辦月餅盒回收行動的機構。

自行清理垃圾

　　如果在戶外慶祝節日，確保不要將垃圾留下。

使用毛巾抹汗

　　9月份的天氣還是很炎熱，孕媽媽外出賞月可能會大汗淋漓，可以用毛巾代替紙巾抹汗。

避免叫外賣

　　外賣無可避免會使用塑膠，造成浪費，親友聚餐時可自行準備食物。

孕媽過年
有守則

撰文：楊琛琪　插圖：鄧本邦

過年期間會與親友們相聚拜年，又面對五花八門的應節食物，第一次與懷中的「寶寶」過年的孕媽媽，絕對是既興奮又緊張。不過，為了胎兒的健康發育，孕媽在過年期間也有不少地方需要謹慎注意。

避免穿高跟鞋、緊身衣褲

雖然孕媽媽在過年時，都想打扮得美美的，不過為了避免造成危險或身體不適，衣着上應避免穿高跟鞋及緊身衣褲。

只做適量家務

過年少不免要打掃家居，不過孕媽媽切忌包攬太多家務，以免影響胎兒。宜選擇一些如抹桌子、掃地等輕鬆的家務來做。

禁止飲酒

酒精是孕婦的禁忌品之一，研究指出在懷孕期間喝酒，會令胎兒患上酒精綜合症，影響胎兒大腦發育，導致肢體發育不良或智慧低下。

遠離二手煙與嘈雜環境

過年期間，久未相見的家人難免會聚在一起聊天、打麻雀。孕媽媽應遠離二手煙或過份嘈吵的環境，以免影響胎兒健康或造成身體不適。

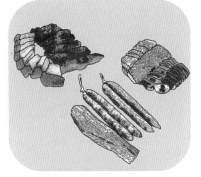

少吃動物內臟、醃肉或臘腸等

過年的應節食物多以動物內臟、醃肉或臘腸等材料製成，為了胎兒健康，孕媽媽宜盡量少吃，多吃新鮮食物。

勿暴飲暴食

面對過年時滿桌的美酒佳餚，孕媽媽難免食指大動，不過也切忌暴飲暴食，以免孕期營養過剩，引發妊娠糖尿等妊娠病症。

適當休息

懷孕期間容易疲勞，孕媽媽應避免一天內去太多的親友家拜年，宜作適當的休息。

減少打麻雀

過年時常見的娛樂活動，如打麻雀等，孕媽媽宜減少參與。除了因精神高度緊張的活動會影響腹中胎兒的情緒外，孕媽媽長時間地坐着亦會令下肢靜脈曲張嚴重，從而增加浮腫。

避免唱 K

去唱 K 也是過年期間的熱門活動之一，但孕媽媽若在懷孕首 3 個月運用肺活量大聲唱歌，會令全身的血液流動加快，容易誘發流產先兆；加上周圍侷促的空氣、嘈雜的環境，亦不利胎兒發育成長。

注意食物衛生

　　孕媽媽需注意應節食物的衛生，在進食糕點或盆菜前，宜於高溫加熱後的 2 小時內進食，以防細菌滋生；亦應盡量避免使用微波爐進行加熱，以免翻熱不均。

注意保暖

　　過年期間天氣寒冷，孕媽媽謹記添衣保暖，以免染上傷風感冒等疾病，傷己亦傷胎。

減少吃應節甜點

　　過年的應節食品中，有不少甜點，令人嘴饞。孕媽媽宜減少進食這些甜點，以免因攝取過量糖份而令血糖升高，可能導致胎兒巨大、畸形，從而引發難產、滯產、死產、產後出血等生產問題。

避免魚生、生吃海鮮或不熟肉類

　　孕媽媽要避免進食魚生、生吃海鮮或不熟肉類，以免因食材不潔而導致腹瀉、腹痛，甚至因此感染李斯特菌，從而導致小產或影響胎兒發展。

13國孕媽
迎復活節

撰文：楊琛琪　插圖：鄧本邦

對於以基督教信仰為主的國家而言，過復活節就如同我們過農曆新年一樣，十分重要且熱鬧。香港的公眾假期中包括了復活節，若想在搞搞新意，不妨參考下別國的過節習俗，來過一個與眾不同的復活節！

美國 尋找復活蛋

復活節期間，美國人會把大量彩蛋分散在公園的不同角落，舉辦撿彩蛋的活動。他們相信，只要在復活節當天找到最多的復活蛋，就代表當年一切都能喜樂平安。

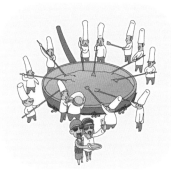

法國 巨大蛋餅

　　法國一個小鄉村 Bes-sières，居民會在復活節後的星期一舉行聚餐，用 15000 隻雞蛋及一個直徑 4 米的平底鍋煎出一個巨大的蛋餅，再一起分着吃掉。

西班牙 盛大遊行

　　從復活節前的星期日開始，直到復活節期間的 7 天，被西班牙人稱為聖周。這期間，西班牙大大小小的教堂都會全體出動，上街進行宗教遊行，場面十分壯觀。

英國 滾蛋遊戲

　　在英國的普林斯頓 (Pres-ton)，每逢復活節大人孩子們便會聚到艾文哈姆公園 (Aven-ham Park) 的小山坡上，將自己的雞蛋滾下去，比賽看看誰的雞蛋滾得最遠。

意大利 受祝福
的雞蛋

　　復活節當天，意大利人會帶着大量雞蛋到教堂請神父祝福，再帶回家作為復活節大餐的主要食材。

羅馬尼亞 大掃除、穿新衣

羅馬尼亞人認為復活節代表着「新生」，因此他們會在前往教堂慶祝節日前，會先在家中進行大掃除，沐浴並穿上新衣，象徵有了新的開始。

波蘭 棕櫚樹枝

波蘭人相信棕櫚樹會帶來好運，復活節期間他們會將受神父祝福的棕櫚樹枝放置家中一年，以祈求接下來的一年都能過得順心如意。

奧地利 看日出

在奧地利的阿爾卑斯山區，民眾會於復活節的清晨，聚集在曠野或山頂觀看日出的光輝，並在破曉之時鳴砲與響鐘，以慶祝象徵「耶穌重生」日出。

俄羅斯 傳遞聖火

俄羅斯的聖墓教堂在復活節的前一天，會舉行聖火儀式以慶祝耶穌復活。聖火儀式期間，神職人員會進入據稱是耶穌墓所在地的神龕，隨後手舉被「聖火」點燃的蠟燭走出，傳遞予在外等候的教徒。

澳洲 十字糖霜麵包

在澳洲，大家會吃十字糖霜麵包 (Hot cross bun)，以紀念耶穌的受難與重生。這種麵包通常會使用肉桂粉或豆蔻粉製成，上面以白色糖霜畫成的十字，代表耶穌受難的十字架。

希臘 撞蛋遊戲

希臘人除了會自製紅雞蛋外，還會與家人玩撞蛋遊戲，以自己的紅雞蛋敲別人的紅雞蛋，碰撞中雞蛋最不易碎者整年都會有好運。

瑞典 彩蛋與羽毛

復活節期間，瑞典人會把各式各樣的彩蛋和彩色羽毛掛到樹上、牆上或花盆中，把家中佈置得色彩斑斕，充滿節日氣氛。

德國 黃色佈置

德國人會在復活節的早上到教堂相聚，他們會用黃色為主的飾物佈置慶祝節日的場地與家居，與家人一起享受由黃白相間的鮮花、桌巾、蠟燭、彩蛋所環繞的溫馨早餐。

孕媽 babymoon
外遊攻略

撰文：楊琛琪　插圖：鄧本邦

每年夏天都是出門外遊的好日子，對於第一次陀 B 的孕媽媽來說，更是去 babymoon 的大好時機！到底孕媽夏日外遊時，有甚麼要注意呢？一起看看以下小貼士吧！

孕中期起行
懷孕中期的流產或早產風險較低，加上嘔吐、頭暈等妊娠不適亦有所改善，此時啟程最為舒適安心。

接種疫苗

出發前，孕媽應向醫生了解目的地最近的感染病疫情，並進行相關的疫苗接種。醫生一般都會建議孕媽接種流感疫苗，以減少孕媽在行程中罹患流感及其併發症的風險。

進行短期旅程

考慮到孕婦的體力及行程中的風險，比起幾個星期的長期旅程，孕媽更宜進行 2-5 天的短期旅桯。

攜帶隨身藥物

孕媽應在出遊前詢問醫生該攜帶哪些隨身藥物，以策安全。

接種疫苗

出發前，孕媽應向醫生了解目的地最近的感染病疫情，並進行相關的疫苗接種。醫生一般都會建議孕媽接種流感疫苗，以減少孕媽在行程中罹患流感及其併發症的風險。

攜帶產檢資料

外遊期間，孕媽要隨身攜帶產檢資料，以便在外地出現任何狀況時，方便外地醫生可以更快、更有效地診治，並節省因不明狀況而多做的一些檢查及費用。

注意保暖

進入機場、飛機及酒店時，室內外的溫度變化容易令孕媽不適或着涼。因此，孕媽宜隨身攜帶長袖外套或披肩，下身衣物則選擇長裙或長褲，以作保暖之用。

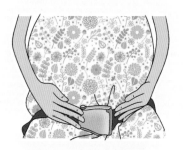

安全帶扣於腹下

乘坐飛機時，孕媽宜將安全帶扣於肚子的底部，避免把安全帶直接扣在隆起的腹部上，以免飛機遇上氣流時，安全帶有機會勒住胎兒，以致胎盤剝落、出血或早產等情況。

多活動雙腳

為避免雙腳出現水腫情況，孕媽坐飛機或其他長途交通工具時，應盡量多活動一下雙腿，以幫助身體的血液循環。

選用適合的防曬產品

　　進行戶外活動前，孕媽應做足防曬準備，選用適合孕婦使用的防曬產品，避免當中的成份對胎兒可能造成影響。

戶外撐傘擋陽

　　進行戶外活動時，孕媽應撐傘擋陽，並攜帶電風扇或扇子，以防中暑。

避免進食生冷食物

　　出遊期間，孕媽要注意避免吃刺身、未煮熟的蔬菜、雪糕及過量甜食，以免感染李斯特菌或患上妊娠糖尿病，增加胎兒及懷孕的風險。

避免進行高危活動

　　懷孕期間，過份刺激的活動，如衝浪、滑水或機動遊戲等，應可免則免。相反，孕媽可以進行游泳、浮潛或 spa 等較輕鬆的活動。

孕期
穩定情緒妙法

撰文：楊琛琪　插圖：鄧本邦

懷孕期間，孕媽媽的身心都會受到荷爾蒙變化的影響，從而出現不同程度的不適。除了生理上的妊娠不適需要留神外，其實心理上的問題也不能忽視！面對這些情緒問題，孕媽媽可怎樣應對？家人朋友又可以怎樣協助？

適量運動

懷孕期間，孕媽媽可定期進行適量的運動或鬆弛練習，如孕婦瑜伽、伸展運動等，能有助改善情緒問題。

保持均衡飲食

孕媽媽應保持均衡飲食，盡量做到定時定量晉餐。即使沒有胃ㄇ，亦宜少食多餐，以確保身體有足夠的能量、穩定情緒。

與孕爸一起上
產前課程

孕媽孕爸一起上產前課程，共同做好生產、產後護理及湊 B 的準備，及早了解孕媽媽在這期間的情緒變化，未雨綢繆。

時刻關注孕媽情緒

作為孕媽最重要的支持者，孕爸要時刻留意孕媽的情緒變化，並要自動向孕媽表示關心及提供協助。

生活上避免
作太大改變

懷孕期間應避免在生活上作過大的改變，如搬屋、換工作等，以免對孕媽造成更多壓力。

與朋友交流育兒經驗

孕媽媽可多與有懷孕湊 B 經驗的朋友交流心得，展開支援網絡，以降低懷孕期間的焦慮與不安。

保持充足睡眠

孕媽媽應保持足夠的睡眠，即使出現失眠的問題，也要盡量爭取休息的時間，讓精神得到放鬆。

肯定自己

第一次懷孕，孕媽媽有很多東西需要了解學習，這時更要多肯定自己，降低對自身的要求。

聽喜歡的音樂

感受到壓力時，聽自己喜歡的音樂來放鬆心情，也是一種不錯的減壓方法。

與朋友保持聯絡

多與身邊的朋友傾訴心事，維持一定的社交活動，有助孕媽以合適的渠道紓解情緒及焦慮，穩定情緒。

打扮自己

閒來無事，孕媽媽外出前可多花時間打扮自己，有助增強自信、肯定自己。

懷孕日記

孕媽媽更可以寫日記的方式，記錄並抒發懷孕期間的情緒，也能記下孕期間的甜蜜回憶，以作紀念。

量力而為

在工作或做家務上要懂得量力而為，避免過於操勞，以免危害到自己及胎兒的健康及安全。

懷孕禁忌
不可不知

撰文：王鳳思　插圖：鄧本邦

懷孕後，孕媽媽在日常生活中要格外小心，千萬不要因為疏忽大意或一時逞強而做出危險的動作，傷害了自己和胎兒，然而懷孕期間有哪些禁忌要避免呢？

劇烈運動

孕婦可做帶氧或伸展運動，但不宜進行一些需要爆炸力的運動，如短跑，因這類運動會令氧氣集中在運動員的腦部、心臟和肌肉。

熬夜

　　孕媽在孕期熬夜的話是會對胎兒造成不良影響，而且令孕媽媽白天也會精神不濟，可能更容易出垷身體不適的狀況。

爬高爬低

　　爬高很容易因協調性不佳而摔下來，避免會發生的身體振動，孕媽媽摔下後都有可能影響子宮內的環境，甚至胎盤在孕媽媽用力拉扯的時候有出血情形。

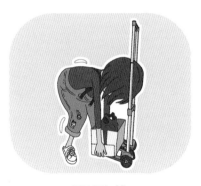

搬重物

　　為避免產後子宮脫垂，孕媽媽應該盡量少搬重物。研究發現，孕婦搬動 25 千克的重物時，子宮沒有變化或只有輕微受壓；但是搬動 30 千克以上的重物時，子宮就會後傾並向下，從而影響子宮的正常功能。

蹺腳

　　很多女性平時喜歡蹺腳，在懷孕後還是改不過這個習慣。蹺腳除了會影響下肢的血液循環外，也會造成坐姿的不良，腰痠背痛的狀況更會加劇。

吸煙

懷孕期間，胎兒透過媽媽的血液來吸取氧氣。當孕媽媽吸煙時，血液會充滿一氧化碳和香煙中的有害物質。這些有害物質會穿過胎盤屏障，對胎兒直接造成傷害。

濫用藥物

懷孕期間即使是感冒了，也要在醫生的指導下安全使用藥物。當長期患病的女性意外懷孕，應第一時間告知醫生，看看可否調節藥物。

減肥瘦身

不少女性在懷孕期間刻意瘦身，不敢多吃。但是孕媽媽刻意節食控制體重，對母體與胎兒會產生不良影響。

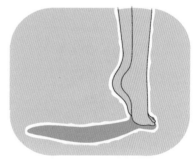

踮腳尖

懷孕後子宮變大，體重也持續增加，平衡能力隨着變差，平時孕婦拿東西或曬衣服時可能會踮腳尖，沒有用整個腳掌感覺身體的平衡，會擔心重心不穩而扭倒，甚至跌倒受傷。

長時間坐

久坐會使靜脈回流變差，容易引起水腫。此外，下肢靜脈循環困難，也會使腰部脊椎附近肌肉有疼痛情形。

跪或蹲着

跪姿會讓孕婦容易重心不穩，而且對膝蓋傷害特別大。而蹲的姿勢對孕婦而言，時間不能太久，孕婦如果蹲着上廁所，會感覺到骨盆壓力很大，有明顯充血。

吃生冷食物

不少生冷食品未經煮熟，例如壽司刺身，可能沾有沙門氏菌等，孕婦一旦受感染，輕則出現肚瀉，若不幸細菌入血，可經血液入胎。

做指甲

指甲油中幾乎都含有「甲苯」，而去光油則含有「丙酮」，這些都是對人體有害的物質，加上這些溶劑的味道較刺鼻，有些孕婦會因此出現頭暈嘔吐等症狀。

大肚禁忌
信唔信得過？

撰文：梁惠娟　插圖：鄧本邦

　　懷孕對女性來說當然是一件興奮的事，身邊的家人亦因此而興奮，但隨即又會緊張胎兒的成長，有些長輩更會勸喻孕婦不要做某些傳統的懷孕禁忌，例如不可吃蛇、朱古力等。究竟這些懷孕期的流言從何而來？

不可亂纏風筒線

　　坊間流言胡亂纏風筒線，嬰兒出世後臍帶會打結。有此說法，相信是風筒線像嬰兒的臍帶。但這個說法當然毫無科學根據，孕媽媽有時聽到這些坊間流言，相信都會覺得不可理喻。

不能食蟹

　　有說孕媽媽在懷孕期間食蟹，會影響到嬰兒性格，將來寶寶的性格會「打橫行」，不講理。寶寶將來性格如何，需視乎天生性格及後天環境培養，父母該要好好培養孩子，不致使他們「打橫行」呢！

不可吃朱古力

　　有說懷孕期間吃朱古力，會令寶寶皮膚變黑。此說法相信是因為朱古力是啡黑色，孕期進食會令嬰兒皮膚變黑。其實嬰兒膚色是受先天基因遺傳影響，孕媽媽別被傳統流言影響，而限制自己進食的食物。

不能剪頭髮

　　有說懷孕期剪頭髮，會剪走肚裏胎兒的陰莖。這個說法又是傳統的流言，有此說相信是剪頭髮的動作與古代閹割男性生殖器的動作相似，加上傳統思維重男輕女。

不能對着其他
孕媽肚子

　　有傳統流言謂，兩個孕媽媽的肚子對着會相沖。中國玄學指要避諱紅紅之事，但一班孕媽媽聚首一堂，大談「孕媽媽經」，應該很高興才對。

不能吃蛇

有說懷孕期吃蛇，會使寶寶的性格喜歡扭計，好像蛇一樣在地上「典來典去」；或者會令到寶寶的皮膚如蛇皮般乾燥。其實這是中國傳統的禁忌，沒有根據，但孕媽媽在懷孕期間該注意飲食。

不能縫東西

傳統流言指懷孕期間不能縫東西，不然嬰兒會有「豆皮」。有此說法相信是補補縫縫的動作，像在嬰兒皮膚上左挖右挖，導致嬰兒皮膚有「豆皮」。在傳統男耕女織的社會裏，為免孕媽媽過度操勞，所以才勸她們不要縫剪，後來演變為民間禁忌。

不能出席喜宴

有說懷孕四個月內不能出席喜宴，不然會紅事對紅事屬相沖，破壞結婚氣氛和運氣。當然，此說法屬迷信，孕媽媽有時外出走走，不過量參加喜宴是絕對可以，總好過常常留在家裏。

不能拍孕婦膊頭

其實此說確實有根據。有報道指肩膊有「肩井穴」，常人按壓有紓緩痛症作用，但孕婦則不宜過度刺激肩井穴，否則會加劇宮縮，嚴重時可增加早期小產風險，故不宜胡亂替孕婦按摩肩膊，甚至拍孕婦的肩膊。

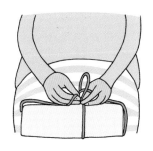

不可用繩綁東西

　　有說懷孕期間用繩綁東西，會生出十指不能伸直的嬰兒。此說當然屬無稽之談，傳統社會迷信，才會諸多禁忌。

不可看別人漆牆補窿

　　流言指看別人漆牆補窿，會令 BB 有胎記。這個傳統禁忌當然屬無稽之談，即使 BB 有胎記，其實只要 BB 健康成長，孕媽媽已經心滿意足了。

不可在孕婦屋內換鎖

　　流言指因為換鎖會有挫和撬的動作，會令 BB 五官有缺陷。相信當孕媽媽聽到這些無科學根據的傳統禁忌，也會有點無奈吧！

快放下手！

不可舉高手

　　坊間流言指孕媽媽舉高手，會容易流產。但有報道指出，舉高手此動作並不會導致子宮下垂，亦不會增加早產風險。但孕媽媽也要注意，取高處物件時要小心，若重心不穩，很容易發生意外。

進入
懷孕 Comfort Zone

撰文：王鳳思　插圖：鄧本邦

　　常說媽媽是偉大的，因為打從剛懷孕開始，孕媽媽就為腹中的小生命做出諸多準備，也要承受許多孕期不適，為的就是待有一天與寶寶會面。現常提到的「安舒區」帶着負面的意味，可是如果就懷孕來說，能使不適多多的孕期轉化成舒適圈，對孕媽當然夢寐以求！以下提供推動舒適孕期生活的方法，希望讓孕媽在這特別的十個月，過得輕鬆又快樂！

尋找同路人

　　懷孕初期對很多事情都不太了解，難免造成心理上的不安，可以尋找同時期懷孕的同路人，或請教過來人親友，共同分享孕期的點滴。不安往往會把不適放大，情緒穩定可幫助孕期過得舒適。

飲食乾濕分離

孕吐是懷孕初期的常見症狀，為紓緩嘔吐不適，飲食建議乾濕分離，即不要一邊吃飯，一邊喝湯。因為水份會在胃部令乾性食物發脹，引起胃部不適。而進食乾身食物如梳打餅亦有助緩減嘔吐感。

勤塗潤膚霜

一些孕媽媽會在懷孕初期有皮膚痕癢的問題，除了肚皮痕癢，手腳也會癢，建議用性質溫和的潤膚霜塗於癢處。除潤膚霜，也可用冷毛巾冷敷或輕拍癢處，盡可能減輕皮膚痕癢帶來的不適。

享受日光浴

懷孕初期身體發生巨大轉變，令孕媽媽經常覺得疲累。可於早上或傍晚去曬曬太陽，享受和暖的日光浴，吸收維他命 D。如果附近有公園，更可到公園呼吸新鮮空氣，也活動一下肢體，讓身心舒暢。

更換新內衣

到懷孕中期，孕媽媽的身形開始有所改變，應及時更換內衣和胸罩，選購更貼身的尺寸，以避免平日穿着過緊的內衣，引起不適。有些孕媽媽可能需更換尺寸好幾次，故應經常留意身形的變化。

早起喝暖水

早上起床後喝一杯暖水十分重要，除了有醒神作用，它能促進腸胃在一整晚休息後甦醒，並幫助腸臟蠕動，預防便秘的發生。同時，宜於起床後半小時內喝水，以確保有隨之帶來的功效。

運動紓身心

運動不但可以維持身體的靈活性，促進血液循環，帶氧運動還可讓身體釋出安多酚，做運動後不單令人精神爽利，更可令心情愉悅。適合孕媽媽的運動就包括：瑜伽、游泳、健身單車、散步等。

做孕婦按摩

按摩可以鬆弛緊繃的神經和肌肉，紓緩焦慮的情緒，可令孕媽媽身心都放鬆下來，當下舒適無比。可是，孕媽媽做按摩必須使用合適的力度和方法等，不可亂按，故宜找尋專業人士進行按摩。

去 Babymoon

懷孕對孕媽媽來說畢竟具壓力，當中有許多必要、不必要的憂慮，與其終日抑壓負面情緒，不如去去 babymoon 散心，也當作是與丈夫最後的二人時光。但謹記注意旅途安全，帶齊必要的文件和用品，以及做足行程規劃。

睡前少喝水

　　來到懷孕後期，肚腹日漸隆大，在子宮壓迫膀胱之下，孕媽媽會有尿頻和夜尿問題。為了減少半夜上洗手間的機會，孕媽媽在睡前一小時應盡量不喝水，以免因上洗手間而影響睡眠質素。

善用側睡枕

　　懷孕後期不適合平躺，孕媽媽較難找到舒適的睡姿，而側睡枕可幫助解決問題。孕媽媽可在膝間夾着枕頭側睡，除有助入睡亦可避免壓迫下腹靜脈。側睡枕又可用於日常休息，令孕期生活更舒適。

穿戴托腹帶

　　長時間支撐胎兒會導致腰背痠痛，建議可用托腹帶支撐肚子，以緩解問題。穿戴托腹帶是為了舒適的緣故，所以穿戴時注意不要過緊，大約可預留一根手指的縫隙，同時預計肚腹會不斷脹大的情況。

自己假自己放

　　預產期越漸逼近，孕媽媽可安排放產假了。現時有很多孕媽媽會選擇把假期全放在產後，可是預留一些日子在產前，讓自己休休息，放鬆身心，做自己喜歡的事情，也是讓自己高興和舒服的事情喔！

迎接寶寶
備孕做的事

撰文：張錦榕　插圖：鄧本邦

為了要增加懷孕的機會，以及生出健康的寶寶，備孕的工夫是不可或缺的。在懷孕前應做足準備，以迎接這場十個月的懷胎長跑吧！

做身體檢查

孕前檢查可以幫助了解身體狀況，盡早開始做好準備。

服用營養補充品

　　備孕期間補充充足的營養，讓身體進入最佳狀態。

計算排卵期

　　準確掌握排卵周期，提高懷孕的機會。

戒凍飲及酒

　　含有酒精的飲品易引起染色體畸變，導致胎兒畸形；凍飲會傷脾胃，身體受寒，子宮也收縮，不利懷孕。

做運動

　　運動可加快身體的新陳代謝，提高免疫力。

飲食均衡

從飲食中吸收足夠的維他命、葉酸、鐵，以及鈣。

助孕按摩

以助孕按摩改善宮寒、月經不順，幫助受孕。

作息定時

要有充足睡眠及充沛的精力，培養健康的生活方式。

作息定時

要有充足睡眠及充沛的精力，培養健康的生活方式。

搜集資料

準備懷孕的知識，便可未雨綢繆。

想 BB 的名字

想 BB 的名字，令自己更期待 BB 的出世。

親密行為

清晨是精力最充沛的時候，更容易受孕，要抓住時機「造人」！

飲進補湯水

可以根據月經的情況，針對性地飲用合適的湯水。

產婦坐月
不可不知守則

撰文：楊琛琪　插圖：鄧本邦

懷胎十月，好不容易卸下重擔的孕媽媽，終於要迎來生育過程中最後一個重要任務——坐月。坐月對產後女性身體的恢復起着至關重要的作用，傳統上也流傳了不少坐月規條和禁忌，家中老人也有不少私藏的坐月心得，到底哪些才是真正實用？以下就為困惑的孕媽媽整理出坐月時不得不知的事項，讓孕媽媽能安心坐月。

坐月要坐 42 天

坐月的醫學術語為「產褥期」，一般為六周 (42 天)，如果產婦懷孕生產過程有特殊情況，如孕期嚴重合併症、生產時大搶救等，更需要根據情況延長月子。

不宜睡太軟的床

產後為了保護腰骨，避免腰痛，應先睡一段時間的硬床，等身體復原後再睡軟床。尤其是剖腹產婦應選擇側臥位或半坐臥位，以緩解腹部傷口和子宮收縮疼痛。

注意補鈣

懷孕後期至產後三個月，產婦的身體會流失大量的鈣，尤其產後媽媽還要擔負哺育嬰兒的重任，缺鈣會減少母乳餵養嬰兒鈣的攝取，影響嬰兒牙齒、頭髮和骨骼的正常發育。

可以洗頭

順產的媽媽在產後一周後就可以洗頭，剖腹產則須等兩周後才可以洗頭。但坐月期間洗頭時應注意關閉門窗，並在沒有冷風和熱風的環境下進行；而洗完頭後要及時吹乾髮絲，亦可在洗完頭後喝些薑湯或紅糖水，以祛風散寒。

避免提重物

坐月期間產婦的子宮及傷口還在復原階段，此時提重物會拉扯到傷口之餘，又容易造成子宮下垂。因此坐月期間產婦應盡量避免不必要的勞動，若要搬重物的話應請家人代勞。

用溫水刷牙

產後媽媽的抵抗力降低，口腔更容易受感染，加上月子裏晉餐次數多，若不進行清潔，食物殘渣長時間停留，容易導致牙齦炎、牙周炎、齲齒等口腔疾病。但須注意在坐月期間，產婦宜用溫水和軟毛牙刷刷牙。

洗澡用淋浴

產婦最好在生產後的一周才洗澡，而坐月期間產婦不適宜盆浴，最好淋浴。洗澡時要注意水溫適宜，同時做好防風防寒的準備，避免在入浴期間着涼。

保持室內通風

產婦在坐月期間需要做好保暖工作，但不能因此盲目地緊閉門窗。室內通風可以減少空氣中的病原體，降低產婦染上呼吸道的疾病。但坐月的產婦須注意避免被風直接吹，尤其頭部。

及早哺乳

想用母乳餵哺的媽媽，最好在分娩後半小時內讓嬰兒吸吮乳頭，這期間避免使用矽膠奶嘴餵水或餵奶，否則容易使寶寶依賴上奶嘴而拒絕吸吮媽媽的乳頭，不利於下奶。若產婦身體虛弱、傷口疼痛，可選用側臥位學習餵奶。

適量運動

　　順產媽媽在分娩次日就可以在床上翻身，以半坐與臥式交替休息，回復一定精力後可多在床邊和房間內走動，並練習產後體操，以便盡早恢復體形，亦可減少便秘。

避免經常彎腰或下蹲

　　產婦生產後子宮及傷口未復原，骨盆韌帶比較鬆弛，腹部肌肉也變得軟弱無力，子宮尚未完全復原，經常彎腰和下蹲容易引起腰痛。

多吃蔬菜水果

　　坐月期間產婦應多吃蔬菜水果，其中含有的膳食纖維，有利於保持產後的腸道通暢，避免痔瘡加重。而選擇水果時要注意不挑太硬、不好咀嚼的水果，應選擇容易吸收和消化的當季水果。

及時收腹

　　產婦可在產後第三天開始使用，要注意收腹帶不應整天戴着，若躺在床上或坐着休息時都應解開，待下床活動時再戴上，避免因長期使用而影響身體的血液循環。

產後坐月
坐得安心

撰文：鍾卓凝　插圖：鄧本邦

現今媽媽生產後都習慣坐月，有説月子坐不好，媽媽以後會多病痛，不少媽媽坐月時都戰戰兢兢，生怕不小心犯了甚麼禁忌，各位媽媽快來看看坐月應有甚麼習慣，保持愉快輕鬆的心情坐月吧！

不吃生冷食物

生冷食物如魚生、雪糕等會阻礙氣血的運行，造成脾胃消化及吸收功能變差，不利於產後媽媽排出惡露和清除瘀血。坐月時，媽媽氣血虧虛，故應吃一些溫補的食物，幫助氣血生化和運行。

不搬重物

搬重物需要用力，用力時會容易拉扯到腹部的肌肉，腹部肌肉的收縮也可能會影響惡露的排除。而且身體尚未恢復的媽媽，很容易會有腰痠背痛的情形，剖腹產的產婦用力不當還可能導致傷口裂開，非常危險。

不吹風

坐月媽媽處於瘀血積聚及氣血兩虛的狀態，坐月吹風、濕凍水等，外邪會乘虛而入，日後易出現四肢疼痛的狀況，建議以薑水及桑枝暖水祛風去濕。

保持心情愉快

坐月應該是媽媽恢復身體的時期，雖然知道媽媽可能會有些徬徨，不知如何才能邊照顧BB，邊養好身子，甚至會受到家中長輩的壓力，但保持心境愉快有助媽媽身心復原，亦有助提升抵抗力。

足夠衣物

坐月最好不要穿短袖，因為產後媽媽普遍會有汗多的情況，皮膚的毛孔是張開的，人又較虛弱，這時如果受風、受涼，寒氣直接進入產婦的體內，很容易引起感冒、腰痠腿痛、頭痛、肩膀痛等不適，故最好穿長袖衫褲。

適度運動

坐月媽媽時常臥床，身體活動量下降，會讓肌力下降及體能變差。加上坐月補充的熱量多，如果沒有適當的身體活動量，提高卡路里的消耗，身體的脂肪會逐漸積聚，加強收身難度。

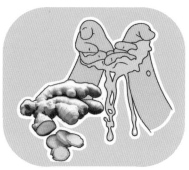

用煲過的薑水洗手

很多人以為坐月沖涼才要用薑水，但原來洗手也最好不要用生水。因為生完BB後，媽媽的皮膚毛孔擴張，生冷水易令身體受寒，所以最好洗手也用薑水。

洗頭後要立即吹乾

有坐月媽媽聽老一輩說坐月期間不可洗頭，但一個月不洗頭實在不衛生，感覺頭髮油膩膩的。其實不可洗頭是舊時代的生活習慣，現今有風筒和暖氣等，只要洗頭後立即吹乾，就不會受到風寒了。

控制房間溫度

很多坐月媽媽怕受寒，即使在夏天都會穿很多衣服，但這樣反而可能導致中暑，不利健康。氣溫高時可開冷氣，但注意不要對着冷氣吹，溫度最好設置在 25-27 度。

攝取鈣質

產後媽媽體內雌激素水平較低，泌乳素水平較高。乳汁分泌量越大，鈣的攝取量需要就越大。這時，如沒有補充足夠的鈣就會引起腰痠背痛、腿腳抽筋、牙齒鬆動和骨質疏鬆等「月子病」。

房間應通風見光

屋內沒有空氣對流，空氣中容易滋生細菌，媽媽和BB所在的房間最好能通風見光，這樣坐月媽媽心情會較舒暢，不會因長期呆在家中而產生鬱悶的情緒。

要吃早飯

習俗上坐月要吃五更飯，原因是早餐吃飯可提供上奶及補身的營養，其中早上5至7時最有助造奶，對餵哺母乳的媽媽尤其有益。

避免外出

坐月期間，媽媽都應避免經常外出，外出的話時間也越短越好，以免受到風寒。產婦自己可能都感到體力欠佳，容易疲累。

孕期用品
應要用甚麼？

撰文：王鳳思　插圖：鄧本邦

懷孕後身體有很大的變化，有很多東西要重新買過，到底有甚麼孕期必需品呢？以下的產品必定幫到你。

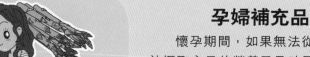

孕婦補充品

懷孕期間，如果無法從食物中有效攝取充足的營養及孕吐厲害的孕媽媽，許多醫生會建議孕婦額外補充孕婦維他命，像葉酸、鈣片、鐵劑、DHA、B 群等。

妊娠霜

　　滋潤皮膚、減少妊娠紋產生（使用能夠增強肌膚延展性，防止皮下纖維因過度伸拉而斷裂，從而有效減少妊娠紋出現。）

孕婦胸圍

　　孕婦懷孕中期，在 4-7 個月的時候。此時孕婦的胸部明顯變大，要開始穿戴較大的孕婦專用內衣。

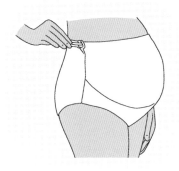

孕婦內褲

　　懷孕中期的時候，除了胸部，孕婦的腹部也明顯地鼓起來。此時，孕媽媽選對內褲很重要。

孕婦服裝

　　隨着懷孕時間的推移，媽媽的胸部、臀部、腰腹部都會變大，需要購買專門的孕婦裝出行，建議選購這幾個部位帶有鬆緊調節的衣服，方便隨着身體變化調整。

平底鞋

　　懷孕期間，孕媽媽穿着平底鞋。因為會比穿高跟鞋、厚底鞋來得更為安全，尤其當你的肚子越來越大，重心逐漸往前傾時，為了寶寶與你的安全，平底鞋會是你走路時維持重心最安穩的選擇！

懷孕相關書籍

　　懷孕生產育兒是人生大事，閱讀懷孕相關書籍對於新手爸媽有很大的幫助。

護墊

　　懷孕期間雖然沒有了月經的打擾，但平常的分泌物會變多，所以需要護墊來幫忙，但是也不是說有護墊就可以太過放心，一整天下來起碼要更換3-4 次。

孕婦護膚品

　　對於孕期的護膚來說，選擇一款安全、健康、不含有任何添加劑成份的護膚品是重要的，寶寶的健康和媽媽的美麗可以兼得。

孕婦奶粉

孕婦奶粉是低乳糖孕婦配方奶粉，富含葉酸、唾液酸SA、亞麻酸、亞油酸、鐵質、鋅質、鈣質和維他命 B12 等營養素，計劃懷孕和哺乳期婦女同樣可飲用。

托腹帶

一般來說，懷孕 4 個月開始就建議孕媽媽要開始使用托腹帶，因為此時寶寶的重量已經越來越明顯，為了讓孕媽媽更舒服，更為了照顧胎兒的安全，建議可以及早準備托腹帶，紓緩腰背負擔與不適。

孕婦側睡枕

懷孕後期因肚子增大壓迫腰椎，平躺、側臥皆難入眠，可利用多功能枕增加支托，產後也可當哺乳枕。

嬰兒服裝

懷孕後期 8-10 個月後，可以開始準備新生兒的用品，以期待寶寶的到來。

餵哺母乳
媽媽法寶

撰文：鍾卓凝　插圖：鄧本邦

近年越來越多媽媽選擇以母乳餵哺寶寶，原來哺乳要使用的工具也不少，各位哺乳媽媽可參考以下清單，讓哺乳的過程更順利！

奶泵

為了讓乳汁順利流出，奶泵是必備的工具。

哺乳枕

哺乳媽媽要選用合適高度的哺乳枕，否則曾引起腰部痠痛。

乳頭滋潤膏

餵奶時乳頭受寶寶的吸吮不斷摩擦而形成痛楚，所以要塗上乳頭滋潤膏去滋潤乳頭。

營養補充丸

媽媽可按自己的需要額外補充營養。

儲奶袋

儲蓄少量奶放冰格做儲備，以防不時之需。

哺乳內衣

對於每天要不停揉奶或埋身哺乳的媽媽，一件無鋼線的哺乳內衣是很方便的。

乳墊

哺乳期間，媽媽時有乳汁溢出的情況，以乳墊墊着胸圍，以防止弄污衣服。

餵奶巾

餵奶巾無疑是外出餵奶的必備用品。

乳頭保護罩

為了不讓自己的乳頭在哺乳時被咬傷，找一款適合自己的乳頭保護罩吧！

食物保溫器

　　將母乳保暖，讓寶寶享受溫暖的乳汁。

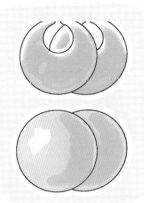

熱敷 / 冷敷護乳墊

　　冷用有助紓緩疼痛或脹奶的乳房，熱用有助哺乳前刺激母乳分泌。

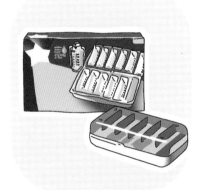

母乳儲存盒

　　把母乳存在儲存盒，就不再需要在冰箱和冷藏庫內搜尋保存的母乳。

清潔濕紙巾

　　授乳前先清潔乳頭，保持衛生。

成為媽媽後
有甚麼改變？

撰文：王鳳思　插圖：鄧本邦

不知各位女士成為媽媽後，有沒有察覺到生活上種種的改變呢？為了照顧寶寶，媽媽即使要犧牲也不惜，這就是母愛的偉大！

收起高踭鞋

為了方便走動，平日只穿平底鞋。

愛聊媽媽經

與朋友聊天的內容大多是圍繞寶寶。

久違的旅行

做媽媽後不能如以往般說飛就飛。

成便便專員

每次寶寶有排便，媽媽都會特別注意便便的顏色。

愛聞 BB 味

BB 身體的獨特味道，是媽媽最愛聞的味道。

瘋狂影 BB 相

手機相片簿統統都是寶寶的照片，百看不厭。

為 BB 買衫

外出購物見到 BB 衫時，都忍不住要多買幾件給寶寶。

很久沒有化妝

時間都花在寶寶身上，沒有時間打扮自己。

睡眠不足

許久沒有睡超過 8 小時以上，黑眼圈都跑出來了。

愛看寶寶睡

即使寶寶在睡覺，也要多看兩眼。

頭髮亂了

許久沒有打理髮型，頭髮總是亂糟糟的。

變得更勇敢

為了保護寶寶，媽媽甚麼也不怕。

變得更有耐性

照顧寶寶絕不是容易的事，媽媽少一點耐性也不行。

孕爸爸
必做窩心事

撰文：楊琛琪　插圖：鄧本邦

在整個懷孕過程中，孕媽媽雖然是擔當着最重要的角色，但在她身後支持的孕爸爸的角色也十分重要！儘管在陀 B 及生產上沒有辦法幫上忙，但作為妻子的後盾，孕爸爸其實也可以做到不少窩心事，身體力行地展現自己的愛與支持。

一起聽產前講座

與孕媽媽一起出席講座，了解孕婦需要並學習照顧初生 BB，能展現出孕爸爸有心負起照顧 BB 的責任，讓孕媽媽不會覺得自己在孤軍作戰。

一起購置母嬰用品

　　產前產後都需要添置不少母嬰用品，孕爸爸除了可以幫忙挑選外，還可以協助拿重物，令孕媽媽感受到伴侶對自己和 BB 的愛護。

陪同作產檢

　　進行產檢前，孕媽媽難免緊張。若孕爸爸陪伴同行，除了有心靈寄託外，還能從醫護人員身上了解更多相關的懷孕問題、諮詢意見。

分擔家務

　　懷孕期間孕媽媽的身體多有不適，孕爸爸這時可以主動承擔大部份的家務，讓孕媽媽可以好好休息。

為孕媽按摩雙腿

　　到了懷孕中後期，孕媽媽的雙腳經常會出現水腫或抽筋的不適情況，孕爸爸若能定時幫手做腿部按摩，必定會令孕媽媽感動非常。

與孕媽一同戒口

　　為了孕婦及 BB 的健康，孕媽媽在飲食上難免需要戒口。為了鼓勵及支持孕媽媽堅持戒口，孕爸爸最好也並肩作戰，一同拒絕美食的誘惑。

與腹中 BB 聊天

　　即使 BB 尚未出生，但胎教學家認為這時的 BB 也是有認知能力的。孕爸爸不時可以輕撫孕媽媽的腹部，與仍在腹中的 BB 聊天，讓他能感受到你的期待與愛。

貼心小動作

　　孕爸爸可多加留意孕媽媽的日常需要，並作對應的協助，如在炎熱的天氣下幫助撐傘、搧風，讓孕媽媽體會你的貼心呵護。

照顧家中大 B

　　二胎孕媽媽一邊要照顧大 B，一邊要應對懷孕出現的各種身體不適，十分辛苦。孕爸爸這時可多陪大 B 玩耍、主動照顧大 B，讓孕媽媽可以安心休息養胎。

為孕媽下廚

　　懷孕期間不少孕媽媽會口味大變，為了令她食得開心又健康，孕爸爸不妨嘗試親自下廚，為孕媽媽炮製簡易又健康的食譜，窩心又甜蜜。

體諒孕媽情緒

　　懷孕期間由於荷爾蒙的變化，孕媽媽的情緒容易變得不穩，可能會更常發脾氣。此時孕爸爸應體諒孕媽媽的情緒變化，避免跟她直接衝突，並盡力安撫她的情緒。

入產房陪產

　　若醫院及個人情況許可，孕爸爸應盡量入產房陪孕媽媽生產，在臨盆的時刻給她心靈上的支持及鼓勵，並一同見證BB 出生的珍貴時刻。

多表達愛意

　　整個懷孕及育兒過程中，孕媽媽需要面對不少的難關，因而難免會有陷入憂鬱的時候。這時孕爸爸除了以行動表達關心外，更要親口跟孕媽媽表達愛意，告訴她「我愛你」！

懷孕期
健康飲食

撰文：Renee Ng　插圖：鄧本邦

　　懷孕的媽媽口味轉變、胃口大增，都是孕婦懷孕期間常見的現象，但陀着 BB 始終需要吃得「有營」，才可以生個肥肥白白的 BB，所以縱使胃口和食量怎樣轉變，都要因應懷孕的需要，吸收所需的營養，以下就以懷孕三個階段，提醒大家每個階段需要吸收哪些營養。

胡蘿蔔素

這是有助製造良好視力的一種重要物質，有助胎兒發展正常的視力。另外亦可助清除體內的自由基，無形中增加了孕婦的免疫力，減少呼吸道感染，孕婦可進食南瓜、番茄及菠菜。

纖維

因為腹腔肌受荷爾蒙影響，變得鬆弛，排便不暢順，容易造成便秘，所以需要吸取足夠纖維以刺激大腸蠕動，宜進食較多水溶纖維的食物，例如連皮蘋果、麥包及西蘭花。

葉酸

葉酸是懷孕初期一種重要的營養元素，攝取充足的葉酸，可以減低胎兒患上腦部和脊髓缺陷的問題，不論蔬菜、豆類或肝臟，都是含有豐富葉酸的，所以可進食豬肝、豆類、牛油果及蘆筍。

蛋白質

人所共知，蛋白質是生命最基礎的組成部份，它能促進細胞的生長和肝臟器官和肌肉的發育。蛋白質也是讓寶寶長肉的重要元素，魚肉、牛肉、蛋、豆類都是蛋白質豐富的食物。

鈣質

　　由懷孕中期開始，多吸取鈣質有助寶寶骨骼的發育，同時亦可以減輕孕媽媽腿部抽筋的情況，含鈣質豐富的食物頗多，可進食連骨的魚乾、奶類製品、深綠色蔬菜。

鐵質

　　鐵質是幫助製造紅血球的重要元素，能提供胎盤和胎兒，以及預防孕婦患上貧血的風險，建議含鐵質豐富的牛肉和羊肉，若是素食人士，則可改吃紅腰豆、腰果。

鋅質

　　鋅質能維持神經和免疫系統健康的重要元素，食物中的生蠔含豐富鋅質，但明白未必每位孕婦都喜歡或放心吃生蠔，所以可改吃大菜、小麥胚芽、牛肉及南瓜瓜子。

鋅質

　　鋅質能維持神經和免疫系統健康的重要元素，食物中的生蠔含豐富鋅質，但明白未必每位孕婦都喜歡或放心吃生蠔，所以可改吃大菜、小麥胚芽、牛肉及南瓜瓜子。

維他命 C

　　它除了是一種產生膠原蛋白的元素，也是身體組織細胞、血管生成及修復的重要物質，能讓傷口癒合，以及維持皮膚的彈性。也能幫助吸收和輸送鐵質，有助預防貧血，可進食奇異果、橙，以及紅色和青色的甜椒。

碘質

　　碘質有助胎兒的甲狀腺和腦部發育健康，是不可缺少的元素，因為它影響人體的心血管功能、消化功能、新陳代謝、生長發育。紫菜是大家認識含碘質較豐富的食物，還有海帶、海參、蝦米亦不錯。

163

孕婦
用藥需謹慎

撰文：Renee Ng　插圖：鄧本邦

　　孕婦與許多人一樣，都有機會患上發燒、傷風、感冒、便秘等不適情況，不過孕婦食藥的話，必須慎重處理，否則不但影響自己，還會影響胎兒的健康。

不可自行加藥

　　雖然經醫生處方給孕婦服用的藥物比較安全，但是亦不能因為病情未有好轉而自行加藥，因為這樣可能令到藥物過量而產生強烈的副作用，釀成危險。

按時服用抗生素

　　孕婦若果服用抗生素後，病情有好轉，卻不能隨意加減抗生素藥物，而是必須遵從醫生指示，按時按量服用抗生素，完成整個療程，這才會有效。

可停服某些藥物

　　若果孕婦服用一些「需要時服用」的藥物，例如退燒、止嘔等藥物的話，當她們的病情有所好轉時或康復，可以考慮自行停藥。若孕婦有所懷疑自己的病情是否康復，也可諮詢醫生的意見。

必要時才服止嘔藥

　　孕婦常見孕吐不適，若服用止嘔藥 Avomine 的話，此藥屬於 FDA 分類為 C 級藥物，服後可能出現頭暈、頭痛或疲倦等徵狀，故此醫生在必要時才會處方。

吃傷風藥會渴睡

　　傳聞孕婦「百毒不侵」，但事實卻不然，一旦患上傷風，難免需要服用傷風藥，較常用的 Prition 屬於 FDA 分類為 B 級藥物，留心其副作用包括疲倦、渴睡、精神不集中或口乾等。

禁吃維他命 A 丸

　　為確保孕婦吸收所需的營養，醫生或會處方維他命丸作為補充，維他命丸屬於 FDA 分類為 A 級藥物，認為對於母嬰無任何影響，惟維他命 A 酸屬 X 級，會對胎兒有害，故嚴禁使用。

不宜倚賴甘油條

　　由於孕婦黃體素增加，使腸胃蠕動變慢，便容易引致便秘，她們應從飲食方面多進食膳食纖維和飲水，不宜長期倚賴甘油條，因為它是 FDA 歸類為 C 級藥物，會對胎兒有害。

停服安眠藥

　　到了懷孕中期，胎兒越來越大，孕婦採用任何睡姿都不舒服，故此會影響她們的睡眠質素，嚴重者會造成失眠。若本身有服用安眠藥的話，便要停止服用，因為它會令孕婦上癮，並對胎兒有害。

不可亂吃成藥

　　許多人出現不適，都曾服用成藥，但孕婦服用成藥必須小心，而且不可胡亂服用，服用之前必須詢問醫生是否適合，以及遵照份量及時限服用，若進食後出現任何不適，必須立刻求醫。

服藥以安全為先

　　孕婦服用藥物必須以安全為先，醫生處方給她們的藥物，均屬於不會影響胎兒的藥物，雖然對母嬰不會造成傷害，但藥物本身也有其副作用，所以必須諮詢婦產科醫生後才可服用。

孕期3階段
要注意睡姿

撰文：Renee Ng　插圖：鄧本邦

　　有研究發現，孕媽媽的睡姿是影響胎兒健康安全的一大關鍵，所以，孕媽媽懷胎十個月中，不但需要注意飲食、運動和作息是否有利胎兒的健康，也需注意睡姿。以下特別以懷孕前、中及後期 3 階段，逐一圖解哪些是適合的睡姿，以及需注意的重點。

改變趴睡習慣

有些女性在懷孕前，有趴睡的習慣，但當懷孕後，孕婦應開始避免趴睡的姿勢，以免到了懷孕的中期和後期才轉換睡姿，不能趴睡而影響睡眠質素，也直接影響了胎兒的健康。

現水腫需左側睡

隨孕期腹部逐漸隆起，孕婦睡覺時應避免擠壓腹部。此階段的孕婦也開始有水腫問題，若覺得平躺睡姿舒適還是可以繼續的，但建議可趁這個階段開始學習左側睡較好，好讓到懷孕後期腹部更大時，能夠較容易入睡。

左側睡增血液流向心臟

到了懷孕後期，孕婦左側睡是最恰當的睡姿，因為能減輕子宮對下腔靜脈的擠壓，增加血液回流到心臟。當血液循環有改善，會有利胎兒的發育，也能減輕孕婦這個階段的水腫問題。

平睡時易出現背痛

孕婦於中後孕期，其腹部逐漸脹大，當她們平臥睡覺時，子宮的重量會加重壓力到脊椎、背部肌肉及腸道等器官，故有機會導致出現背痛、痔瘡及呼吸不暢順等情況。

右側睡易引起頭暈無力

踏入懷孕的後期，若孕婦依然採用右側睡的話，便會增加其下腔靜脈的壓力，影響血液回流，也較易引起低血壓、頭暈、四肢無力等問題。與此同時，孕婦的下肢水腫或腿部靜脈曲張的情況也有機會惡化。

借助睡眠輔助工具

孕婦這個階段腹部更加隆起，若不習慣左側睡而無法入眠，或可借助睡眠輔助工具，例如抱枕或摺疊的小棉被。也可以把腳稍微彎曲，兩腿之間夾一個小枕頭，分別在腰背處和腹部下面墊一個枕頭或摺疊的小棉被，以支撐整個身體，減少給脊椎的壓力。

改善睡眠質素

孕婦宜養成良好的作息規律，例如按時睡覺按時起床、不要熬夜；避免飲用咖啡、茶、汽水等含咖啡因的飲料；睡前可喝杯牛奶、做一些放鬆的運動，以及聽輕音樂，都可以放鬆心情幫助入睡。如入睡困難或失眠，孕媽媽不應強迫自己，否則只會輾轉反側則，更難入睡。

熟睡者更應學左側睡

睡眠質素特別好的孕婦，有可能入睡很久也沒有變換睡姿，如果你同屬這類型，便應該盡早練習側睡、用枕頭稍微固定左側睡的睡姿。若孕婦感覺左側睡並不舒服，那可以左右交替睡，轉變睡姿，但仍建議以左側睡為主。

睡姿舒服便可

由於這個時期的胎兒，在子宮內發育的位置仍在母體的盆腔內，孕婦不論仰睡或右側睡姿，均不容易擠壓到下腔靜脈。故此，孕婦可以隨意選擇睡眠姿勢，只要舒適便可以。

孕媽失眠
改善有法

撰文：Wendy Tong　插圖：鄧本邦

　　孕媽媽在懷孕期間，可能是緊張的緣故，許多時都會出現失眠的問題，這樣大大影響了日常生活。若孕媽媽遇到失眠應該如何處理？首先要知道何謂失眠及成因，當了解原因後，便能睡得好。

何謂失眠

　　孕媽媽失眠這情況其實頗普遍。有研究指出，原來有78% 的孕媽媽在懷孕期間都會出現失眠的問題。若孕婦每晚睡不足 7 小時或以上，或是晚上起身數多次，便為之失眠。

了解失眠成因

　　在懷孕的初期，荷爾蒙的變化、準媽媽期待新生命感興奮的緣故，便會出現短暫性失眠的症狀。到了後期胎兒的成長，令孕婦的肚子增大，引致嚴重的下墜壓力，胎兒的動作也開始增加，而引起孕婦不適而導致失眠。

心理壓力

　　孕媽媽心理壓力大，早期可能出現焦慮症或憂鬱症而導致失眠，後期頻尿嚴重，造成夜間睡眠不佳。在懷孕初期可側睡或平躺，懷孕中期與後期，可以利用孕婦專用抱枕來協助身體重心的分配。

荷爾蒙的變化

　　懷孕前期荷爾蒙出現變化，體內會不斷分泌雌激素和黃體素等荷爾蒙，讓孕婦感到作嘔、作悶、小便頻密、嘔吐、背脊痛或胃酸倒流等，這些妊娠不適的反應，均是會造成夜間睡眠不佳。

解脫失眠6大貼士

睡前禁用電子產品

睡前 1 小時不應接觸電子產品，因為電子產品屏幕發出的藍光，讓大腦以為仍是日間，影響大腦的自然作息周期，若超過 15 分鐘未入睡，便起身做些簡單的家務等，累了才去睡覺，記住不要在睡前使用電子產品。

簡單練習助紓緩

睡前可做些鬆弛的練習，如瑜伽、按摩及簡單的拉筋，也是不錯的紓緩運動，看書及聽音樂，讓身心也得到寧靜，或可看一些輕鬆的電視節目，都有助於使大腦平靜下來，自然會容易入睡。

留意飲食習慣

每日不妨喝多些水，但晚上七點後便要減少。在睡覺前可飲暖牛奶，避免飲用有咖啡因的產品，包括咖啡、茶或提神飲品。睡覺前吃一些不含糖及鹽的複合碳水化合物小食，不太飽狀態則更易入睡。

睡前沐浴放鬆心情

在睡前可先來個浸浴或洗澡，透過沐浴時的放鬆，讓自己感覺快要準備進入睡眠狀態；或是在洗澡前，計劃第二天的行程或要做的事情，如想到需要記下的事情，便立即記下，把你應該思考和擔心的事，延到第二天。

保持睡眠環境漆黑

保持一個舒適的環境空間，睡房最好是暗黑、幽靜和涼快。睡覺時要盡量令自己舒服，可以穿着舒適及鬆身的睡衣，並佩戴睡覺專用的胸圍，睡房室溫保持約 65 ℉（約 18.3℃），有助更快入睡及達到深層睡眠。

減少和毛孩同睡

即使是如何深愛寵物，孕媽不應與毛孩子同睡，一份研究發現，53％的寵物主人和寵物一起睡覺，每晚睡眠時也會被中斷，因每個人都應有自己的睡眠空間，想避免睡眠被打擾，就要盡量減少和毛孩同睡。

孕媽
做運動注意重點

撰文：Fei Wong　插圖：鄧本邦

　　覺得孕婦「粗身大細，不應有過多活動」的觀念早已過時。其實，孕婦做適量的運動除了可以讓身體健康強壯，亦可以讓你更適應孕期的身體變化和促進順產。不過做運動之前，務必先看看有甚麼需要注意，再選擇適合你的運動吧！

注意事項

熱身和做伸展運動

　　做任何運動前都要先熱身，讓肌肉和關節慢慢適應，減少出現拉傷或抽筋的情況。孕婦特別不能忽略熱身運動，因為如果在運動時突然抽筋，導致跌倒或撞傷是十分危險的。運動後也要做伸展運動，讓肌肉放鬆，紓緩運動後的痠痛，也能促進肌肉修復。

挑選合適衣服

　　孕婦運動時身體負荷較重，因此選擇合適的衣服以減輕不便更重要。第一，懷孕期間會脹奶，而運動時胸部和內衣的摩擦會增加，應穿着運動內衣保護乳房。第二，隨着肚子越來越大，可以使用托腹帶支撐腹部，減少運動時的晃動及拉扯，也能減輕腰痠背痛的情況。

不宜做運動的孕婦

　　雖然運動好處多多，但還是有一些孕婦不適合做運動。懷孕初期一至三個月，不適合作中度或涉及扭動的運動；在懷孕期間有出血，或流產病史的孕婦，為避免再次發生同樣情況，是不建議做運動的。如有子宮頸閉鎖不全或胎盤前置的問題，亦不適合運動，不然有可能會增加早產風險。

運動頻率

　　孕婦最好保持每天運動，每節 10 至 15 分鐘，主要是依自己的感覺進行運動。當習慣後，可以慢慢增加運動的強度及時間，至每天 30 分鐘為佳。運動以中低強度為主，不一定要是特地做運動，像是走樓梯、做家務也可視為運動，最重要是維持恆常運動的習慣。

適合孕婦的運動

散步紓緩心理壓力

情緒的調適是孕期中很重要的一環，孕婦經常在家休息反而有可能使心情壓抑，而散步便能讓孕婦多接觸外界事物，呼吸新鮮空氣，欣賞四周的風景，也能同時紓緩心理壓力。散步地點可以是家居或辦公室附近的公園，或是假日到郊野公園走走，避免危險或吃力的路線便可。

游泳有助順產

游泳是不少孕婦熱愛的運動，因為借助水中的浮力，可以減輕身體的負擔之餘，還能減輕對關節的壓力，從而讓關節疼痛的問題得以紓緩。當中蛙式會較適合孕婦，因為與其他泳式相比，蛙式的動作強度較低且較易控制，同時亦能訓練髖關節，有助順產。

健身單車

平常有踩單車習慣的孕婦可以轉踩健身單車，可以避免翻車等意外之餘，更是一個在家也能輕鬆做運動的選擇。不過，切記單車的坐墊要柔軟，並適當調整座位高度。有些孕婦也會買腳踏取代單車，它有單車的功能外，也能坐得舒適和節省空間。

跳舞練靈活性

跳舞可以訓練孕婦的靈活性和力量，同時可以在舞蹈動作的練習中建立自信。但跳舞時要避免跳躍、旋轉等動作，避免因失去平衡而跌倒。孕婦可以參與一些舞蹈班，有專業的導師指導之餘，亦可以認識其他孕婦，交流心得。

中後期做瑜伽

　　近年有不少網紅孕媽都會做瑜伽，瑜伽的確可以讓孕婦練習腹部肌肉，改善腰背痠痛等，也能學習呼吸技巧，訓練集中力，不論在身體還是精神上都有所得益。但其實瑜伽也不是整個孕期都適合做，前期胎兒還未陀穩，做瑜伽很可能會對腹部造成壓力，影響胚胎成長。

凱格爾運動練骨盆底肌

　　凱格爾運動其實是訓練骨盆底肌肉的運動，可以防止骨盆底肌肉鬆弛，從而減少漏尿的情況，亦能讓生產過程更順利！凱格爾運動做法主要是收緊排尿肌肉，收縮 5 秒，休息 10 秒，重複 10 次，腹部沒有明顯起伏才是正確做法，頻率則以早午晚一循環為佳。

做媽媽才知道的真相

撰文：張錦榕　插圖：鄧本邦

所謂「年少無知」，對不少女士來說，有很多事情都是因為做了媽媽才知道的，例如生小孩的過程有機會邊生邊排便、生產後肚子不會自動回復平坦，而且更能體會當父母的心情。

生產時大便

原來在產床上，一邊生小孩，一邊大便是很正常的事情，因為向下用力時括約肌鬆弛，大便很容易排出來。

單手的技能

當媽媽後學會的一項技能，就是能夠單手抱小孩，又或者單手沖奶及換尿片。

母乳的煩惱

產後母乳大約要 3 至 5 天才會開始分泌，等到乳汁開始分泌後，如果沒有立刻擠奶，就會有如漏水一般，把內衣及衣服都弄濕了。

鬆弛的肚子

懷孕後，肚子隨着胎兒成長，一天一天被撐大，但寶寶出生後，肚子並不曾因此而馬上恢復平坦，而且可能會有妊娠紋。

受到小便攻擊

每次換尿片時，都有機會遭受寶寶的小便攻擊，又或者喝奶後面對寶寶隨時吐奶的突發狀況。

事無大小都要上網查

無論寶寶出現任何情況，每天都會上網搜索有關寶寶的資訊，一天最少 10 次，搜尋字眼不外乎是「我的寶寶沒有大便」、「寶寶吐奶怎麼辦」，「為甚麼寶寶臉上有紅點」。

學會唱兒歌

當媽媽後，可能會沒有空聽最近出了甚麼流行曲，卻會知道多首兒歌，會唱歌哄寶寶開心。

出門如搬家

有了小孩之後，每次出門要帶的東西都多如搬家一樣，少點氣力也不行。

1 秒激嬲

孕媽的說話

撰文：張錦榕　插圖：鄧本邦

做媽媽不容易，生活中還要面對各種的「閒言閒語」，一起來看看以下哪些説話會一秒激嬲媽媽，大家要體諒及理解媽媽，加以肯定才是對她們的支持。

"我見你好似陀得好舒服！"

沒有經歷過懷孕，是不會明白懷孕過程的辛苦，不能只看表面。

"忍吓口啦，一定要戒口呀，冇戒口以後你就後悔！"

戒口是每位孕媽媽必經的過程，對於要戒口的食物，孕媽媽最清楚不過，而且在孕期不同階段，要戒口的食物其實也有不同，旁人不用太緊張。

"你食多啲菜，作息健康啲，就會有便便啦！"

便秘可說是每個孕婦的必經過程，即使飲奶、食菜或水果，可以做的方法都做盡了，也有可能會便秘。

"呢啲使乜買呀，我哋以前都唔使，咪又係湊到個仔肥肥白白！"

時代不同，照顧寶寶使用的物品亦有所不同，媽媽都是按需要而去買，說到底都是為了照顧好寶寶。

生產出現問題或寶寶出事，對媽媽來說都是件痛苦的事，不要去指摘她們，給予支持及理解才是最重要的。

媽媽以母乳餵哺要付出時間及努力，即使奶量不足，都不應從旁隨便加以批評。

每個寶寶都有不同的成長速度，不要去比較，如果寶寶有問題，醫生自然會指出。

做過愉快
孕媽媽

撰文：Elizabeth　插圖：鄧本邦

「終於懷孕了！」對於渴望成為媽咪的婦女來說，得知自己終於懷孕，當然會感到非常興奮，但隨之而來會擔憂胎兒的健康、自己的體形變化、經濟問題等。如果沒有處理妥善情緒問題，會令孕媽媽出現產前抑鬱。以下為各位孕媽媽提供放鬆心情的方法，讓大家開開心心做個愉快的孕媽媽。

培養嗜好

孕媽媽可以在懷孕期培養嗜好，例如插花、閱讀、編織、縫紉、種花等，這些嗜好可以幫助孕媽媽集中精神於某件事情上，令她們忘掉其他煩惱事。另外，孕媽媽亦可以學習欣賞周遭美麗的事物，例如參觀畫展、藝術展，甚至欣賞周圍自然的景物，也可以令自己身心放鬆。

作息定時

作息定時對於孕媽媽來說是非常重要的，除了可以幫助孕媽媽保持健康的體魄外，更重要的是擁有優質及充足的睡眠，也能夠幫助孕媽媽擁有良好的情緒。如果晚上未能好好地睡覺，情況可以的話，孕媽媽可以在午間時份稍作休息，對身體及精神都有好處，情緒可以較穩定。

吃對的食物

孕媽媽應選擇對的食物，能夠幫助她們放鬆心情。建議懷孕時，孕媽媽盡可能只吃有機的蔬果及乳製品，避免吃進毒素，影響胎兒。另外，孕媽媽可以吃一些「快樂食物」，如牛奶、香蕉、葉菜類蔬菜，會刺激生成血清素，可使人感到愉快，減少情緒波動，避免出現抑鬱。

自我鼓勵

孕媽媽有壓力時，不妨鼓勵一下自己，也會有很大幫助。例如在心中告訴自己：「我很快樂、很健康、很輕鬆，隨時可以照顧孩子。」也可以想一段鼓勵自己的話，只要紓緩壓力即可。自我鼓勵時可以閉上眼睛，讓身體放鬆，深呼吸，默念這些鼓勵的話，慢慢便能減輕壓力。

伸展身體部位

遇上壓力時，孕媽媽可做一些伸展動作，有助於放鬆肌肉、紓緩壓力，例如伸展手、腳及背。頸部的伸展，可以將頭傾向一邊，讓耳朵靠近肩膀，覺得脖子有伸展到就停下來，保持約 20 秒，深呼吸，讓肌肉放鬆，之後將頭慢慢回復原位，轉另一邊重複相同動作。

聽音樂

聽音樂對於紓緩壓力是非常有幫助的。孕媽媽可以選擇些自己喜歡、輕鬆而又愉快的音樂，能夠幫助自己減輕壓力，亦同時可以進行胎教，絕對一舉兩得。但孕媽媽千萬別在情緒低落時，還選擇聆聽些悲慘的音樂，這樣只會令自己情緒更低落，所以必須慎選音樂。

丈夫幫忙按摩

孕媽媽在懷孕期間，身體會出現許多不適，加上有許多事需要擔憂，令她們情緒低落。這時丈夫便扮演重要的角色，不妨在睡前為太太按摩，輕輕鬆鬆地播放柔和的音樂，令孕媽媽能夠放鬆身心，過程中孕媽媽可以向丈夫傾訴心事，增加彼此的了解，互相扶持，增進感情。

找親友傾訴

  遇上不愉快的事情，或有任何事情擔心憂慮時，可以找身邊人，例如家人、丈夫或朋友傾訴，雖然大家未必能提供實際的幫忙，但有人願意聆聽心事時，總能給你一個喘息的機會。孕媽媽甚至可以找專業日人士協助，將問題說出來，能夠幫助你減輕壓力，煩惱自然能夠減退。

做適量運動

  如果身體狀況許可的話，孕媽媽可以選擇做適量的運動。進行運動能夠增加大腦內的多巴胺，能夠令人心情變得愉快。孕媽媽不要因為自己懷孕而不做運動，適量的運動既可以幫助控制體重，更能夠保持愉快的心情，例如產前瑜伽、游泳、散步等，都是適合孕媽媽進行的運動。

胎教魔力
不可不知

撰义：張錦榕　插圖：鄧本邦

近年越來越多孕媽媽重視胎教，有指胎教能建立一個良好的孕育環境，促進胎兒正常健康發育，使寶寶更聰明。胎教有甚麼方法？一起來看看以下的例子。

音樂胎教

孕媽媽可以選擇自己喜歡的音樂，音樂有紓緩壓力、改善心情的作用，有利於穩定孕媽媽和胎兒情緒。

語言胎教

孕媽媽可以每天安排一個時間跟胎兒說說話,簡單說說每天自己發生的事;閱讀新聞或故事,都能促進胎兒以後語言方面良好的教育。

運動胎教

孕媽媽做適量的運動,除了對身體更健康,亦能促進胎兒大腦及肌肉的發育,讓寶寶出生後更健康活潑。

情緒胎教

研究顯示,情緒與全身各器官功能的變化直接有關,不良的情緒會擾亂神經系統,導致孕婦內分泌紊亂,從而影響胎兒的正常發育,孕期穩定的情緒有助胎兒情緒健康成長。

藝術胎教

接觸繪畫、雕塑以及藝術品有助陶冶性情,過程中也可以穩定情緒,讓孕媽媽紓解壓力。

爸爸胎教

爸爸的角色也很重要,多與肚裏胎兒唱歌或說話,讓胎兒熟悉爸爸的聲音,出生後孩子對他會更有親切感。

光照胎教

胎兒約在 16 周後,開始對光線有感覺,孕媽媽可以適度給予肚子一些光照刺激,例如在日間曬曬太陽,讓胎兒感受到日夜的不同。

寶寶成長
媽媽最滿足

撰文：鍾卓凝　插圖：鄧本邦

照顧孩子絕不輕鬆，可能每個媽媽都有過沮喪擔憂的時候，但看着孩子一天一天長大，那份滿足感是不可言喻的。

BB 出生

每個媽媽懷孕十個月都歷盡艱辛，看到 BB 健康出生，媽媽定必又滿足又感動，相信媽媽看到 BB 第一眼的時刻是永世難忘的。

餵哺母乳

餵哺母乳是一項艱巨的任務，可能有些媽媽還要抓破頭想辦法上奶掞奶，但看到 BB 被餵得肥肥白白，卻會覺得辛苦也是值得的。

BB第一聲叫媽媽

從 BB 只能發出含糊不清的叫聲到第一聲叫出媽媽，相信每位媽媽聽到都會興奮个已，好像 BB 終於肯定誰是「媽媽」了。

BB第一次站起來

BB 需要慢慢學習，從只能躺着，然後能坐着，到會站立，每個階段都需要媽媽的照顧和訓練。

幫 BB 打扮

買 BB 衫是不少媽媽的嗜好，現在童裝風格多樣，把孩子打扮得亮麗有活力出街也更開心，當然偶然穿一下親子裝也很溫馨。

聽到 BB 的笑聲

希望孩子健康快樂成長是每個媽媽的願望，就算工作忙碌辛苦，只要聽到 BB 的笑聲，也會將你心中的陰霾清掃乾淨。

被人讚 BB 可愛

別人稱讚你的 BB 就像連帶着稱媽媽一樣，有些媽媽甚至會更開心別人稱讚自己的 BB，證明自己把 BB 照顧得很好，覺得十分驕傲。

撰文：鍾卓凝　插圖：鄧本邦

很多媽媽都計劃不只生一胎，每次計劃過程都好像十分漫長，要驗排卵，又要驗孕，但沒有一個方法是百分百準確的，所以除了驗孕，還可以多觀察自己的身體狀況，一起來看看到底中獎會有甚麼徵兆吧！

月經過期

如果你的月經周期原本就很有規律，可以在發現月經過期時，及早嘗試使用驗孕棒檢查。但如果你的經期本來就不規律，會較不容易從月經過期這個跡象發現是否懷孕。

陰道出血

懷孕初期子宮內膜較不穩定，有胚胎着床產生陰道少量出血的可能性，因懷孕造成的出血，出血量應該明顯較經血量少且天數短。

乳房腫脹

懷孕時，胎盤會分泌大量的雌激素及黃體素，這會刺激乳腺內的腺管及腺泡發育，造成乳房及乳頭變大，使乳房有腫脹感覺。乳暈也有可能變大、顏色變深。

孕吐腹脹

懷孕時為維持子宮內膜的穩定性，人類絨毛性腺激素和黃體素這兩種荷爾蒙會升高，使腸胃蠕動變慢，容易消化不良，引發噁心、嘔吐，甚至是腹脹的感覺。

疲倦嗜睡

懷孕初期特別容易感到疲倦、嗜睡，因為孕婦身體會分泌大量的荷爾蒙為胎兒建構健康的胎盤環境，這會導致孕婦體溫升高，所以常常感到疲倦嗜睡。

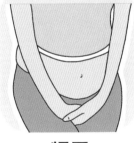

頻尿

懷孕初期，從外觀雖看不出腹部明顯變大，但隨着子宮逐漸變大，令骨盆腔內的器官受到壓迫，位於子宮前側的膀胱當然會受到壓迫，出現頻尿情況。

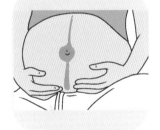

色素沉澱

乳暈、腋下、脖子、胯下、肚臍中線等部位，黑色素細胞數量較多，黑色體細胞因受到雌激素和孕激素的影響，活化的細胞個數會大量增加，出現色素沉澱。

產婦煩惱
擊走念珠菌

撰文：Renee Ng　插圖：鄧本邦

　　產婦感染名為「白色念珠菌」的念珠菌陰道炎情況很常見，因為懷孕荷爾蒙變化，加上產後惡露影響，所以產婦是感染念珠菌高危一族，雖然感到痕癢，有時候排尿更感到痛楚，但求醫及接受治療，以及從日常生活及飲食方面着手，也可擊走產後念珠菌。

有徵狀需求診

下體部位痕癢

　　如果出現陰道或外陰非常痕癢、下體灼痛及腫脹，性交後感到痛楚，便有跡象顯示感染念珠菌。

陰道分泌異常

　　在正常情況下，女性的陰道存有少量念珠菌而且不會痕癢，沒有強烈的味道。但出現陰道發炎的徵狀，例如陰道分泌物增加、變黃、呈芝士狀，或外陰痕癢的話，便要求診。

排尿痛楚

　　陰道輕微出血或是點狀出血，小便時感到疼痛，有可能是念珠菌陰道炎、尿道炎，也可能是陰道炎。

有機會「復發」

　　經治療後，患者亦有機會重複感染生殖器官念珠菌炎。當陰道的酸鹼度有所轉變時，使念珠菌的數量增多，復發的機會便會提高。

治療及預防

採取藥物治療

具有念珠菌陰道炎病徵的婦女，宜前往普通科門診或私家診所求診。求診後應按醫生指示，採取藥物治療，例如陰道塞藥、外用藥膏或口服藥物等。

勤換衞生巾

在不同階段與年齡，陰道分泌物也會有所變化，例如懷孕期間和生產後，這都是非常正常的現象，為了保持陰道附近部位乾爽，建議惡露或月經期間勤換衞生巾。

忌過度用「陰道灌洗液」

不少女性使用女性私密處保養產品如陰道的灌洗液，有些洗劑聲稱是弱酸性，接近陰道的 pH 值，其實並不然，若長期而頻繁地使用，卻會有反效果。

多吃紅莓

紅莓（蔓越莓）有效對抗念珠菌及尿道炎，因為它能防止細菌黏附在人體組織的表面，每天飲用約 200 至 400 毫升不含糖份的紅莓汁，有預防念珠菌的功效。

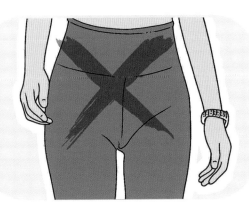

忌穿著緊身褲

時下流行穿著緊身的褲子，雖然好看，但需小心褲的材料有否對外陰部容易產生摩擦，至於穿尼龍內褲令環境太過悶熱，也容易造成外陰部的搔癢，甚至起疹子。

保持陰道 pH 值

美國有醫生建議婦女每星期進食兩次，每次 8 安士乳酪以預防滋生念珠菌，因為乳酪有效保持陰道的 pH 值處於 4.5 或更低的水平之故，能減低細菌如念珠菌陰道炎滋生的機會。

產後頭痛

如何預防?

撰文：Renee Ng　插圖：鄧本邦

產後經常出現頭暈，中醫角度認為這是產婦在分娩後，身體因為孕產造成的氣血虧損所產生的不適症狀。產婦既要照顧寶寶，亦要調理自己身體，若果遇上產後頭痛，那便有苦自己知。趁現在懷孕期間，學懂怎樣預防產後頭痛吧！

避免吹冷風

　　雖然現時是冬季，少開冷氣，但若在夏季，產婦都會在坐月期間開冷氣。其實開冷氣沒有問題，只要避免冷氣風直吹媽媽的身體，尤其是頭部便可以，始終產婦不宜吹冷風避免引起頭痛。

忌食寒涼食物

　　中醫認為女士產後多虛多瘀，因此建議產婦在坐月期間，應禁食生冷、寒涼的食物，以免生冷食物傷及脾胃，寒氣凝滯令到惡露不下，引起產後腹痛、周身骨痛等不適症狀。

外出時要戴帽保暖

　　中醫認為「邪風」會誘發頭痛，故產婦於坐月期間，應注意頭部的保暖，盡量減少外出受到風寒的機會。若有需要外出，便必須戴上帽子，以免受到風寒而引起頭痛。

穿着長袖衫和長褲

　　媽媽坐月期間要時刻保持身體和暖，穿着舒適的家居便服，即使夏天炎熱的日子未能穿上長袖衣服，也最好穿上可遮蓋膝蓋關節部位的褲子，現在更是冬季，應再穿上襪子保暖使效果更佳。

浴後用風筒吹乾頭髮

有說產婦不要沖涼洗頭，因為產後皮毛疏鬆，身體虛弱，很容易「入風」，即是感風邪而傷風或感冒，日後令關節痠痛。其實產婦也應保持衛生，每天沖涼洗頭，但需立即以風筒吹乾頭髮。

室內溫度大約 25 度

有說溫度高易令產婦的毛孔張開，風邪易乘虛而入，入侵體內，故坐月期間的產婦身處室內的溫度，應介乎 25 至 28 度最為適合，使產婦不易被冷風吹，阻礙經絡的運行。

多做輕柔舒展動作

由於產婦需照顧寶寶，也要調理自己的身體，所以少做了輕柔舒展的運動，無形中血液循環也欠佳。為了提高機體免疫力，研究顯示持續做些簡單而放鬆的運動，可改善頭暈。

熱水泡腳或飲熱水

可能因為產後身體虛弱，容易被一些病菌侵襲而患上感冒，這時候切勿胡亂服用藥物，以免產生非常嚴重的副作用。建議產婦在睡前用熱水泡腳，或多喝一些熱水，能夠緩解感冒，擊退頭痛。

睡眠充足

普遍認為產後最大的致命傷是睡眠不足，因為生產時過度疲勞，產婦便會產生頭暈、眼花或四肢無力等症狀。加上產後需要照顧寶寶，時常休息不足，令身體更虛弱，更易誘發產後頭暈。

增加
母乳量有方法

撰文：Helen Ng　插圖：鄧本邦

為了給寶寶最好的，許多孕媽媽也想產後餵哺母乳，然而，不是每個媽媽也乳量充足。難道要就這樣放棄，寶寶注定飲配方奶？其實，有不少方法是可以增加母乳分泌的，有意以母乳育嬰的孕媽媽不妨試試以下方法。

揼奶刺激乳腺

在母乳育嬰的初期，嬰兒也許尚未懂得吸吮，以致有母乳留在媽媽的乳房內，所以每次哺乳後，婦女可以使用揼奶器把乳房內嬰兒飲剩的母乳排出，以助刺激乳房製造乳汁。為保持穩定奶量，哺乳婦女在產後復工後，可分別於午膳時間和下午約 4 時揼奶 1 次，模擬日常餵母乳給嬰兒頻率時間，以刺激乳腺。

多吸收蛋白質

母乳的其中一個重要成份是蛋白質，餵哺母乳的婦女應攝取充足的蛋白質。蛋白質含量豐富的食物如蛋、奶、肉等皆可幫助製造母乳。若是素食者，可吃豆類，含豐富鐵質，尤其是黑豆和四季豆，更昰對吃素的哺乳婦女來說極好的食物，屬價廉質優的非動物性蛋白質來源。

補充足夠水份

製造母乳需要大量水份，而哺乳媽媽特別容易脫水，需確保自身含水量足。不一定要飲水的，可藉着喝果汁、牛奶、豆漿、蔬菜湯等來滿足對液體的需求。但要小心含咖啡因的飲料如咖啡或茶，每天別飲多於 2 至 3 杯，可索性轉飲脫咖啡因咖啡，以免嬰兒因從母乳吸收咖啡因而致煩躁不安和睡得不好。

吃對食材

有些食材能增加母乳分泌，例如山藥、海鮮、鯽魚、章魚、黃豆、花生、木瓜、無花果、米酒、豬腳等，哺乳婦女不妨多吃花生豬腳、酒釀湯圓，或多喝豆漿、魚湯、雞湯等。有些食材則具退奶的效果，例如麥芽、韭菜、淡豆豉、筍類、豬肝和乳鴿等，當中麥芽被公認為退奶效果最顯著，乳汁不足的婦女應避免進食。

203

哺乳前做熱敷

倘若婦女奶量變少、乳房沒有局部硬塊，可以稍微做熱敷。方法是先把毛巾拿去沾一些溫水，水的溫度約是像溫泉水的溫度便可，然後把濕毛巾捲成條狀，敷在乳房的周圍，疏通乳腺，以助母乳容易排出。熱敷之後，婦女心情較為放鬆，這樣擠奶亦可能會較為順利。

飲用催乳奶粉

若真的難以從日常飲食中吸收足夠營養或通過按摩以增加乳汁分泌，婦女可考慮飲用專為哺乳而設的營養品，它類似奶粉，供哺乳婦女加水沖調成奶狀後飲用，含有授乳所需的營養，包括美國醫學院對授乳營養的研究報告所建議的蛋白質、DHA、葉酸、益菌素、維他命，以及礦物質。

採用舒適姿勢

舒適的餵哺姿勢，能預防肌肉勞損，有助母乳排出。媽媽的背部、前臂、腳部均要得到足夠的承托。此外，別讓嬰兒穿着過多衣服，妨礙授乳，若解開嬰兒衣服跟媽媽胸貼胸，不單易於把嬰兒帶到乳房，媽媽的體溫更可直接給嬰兒保暖。

每天按摩乳房

按摩乳房能促進乳腺暢通，這裏介紹 3 個按摩手法：(1) 雙手虎口對稱地托着乳房，由乳房基部向乳頭方向輕推；(2) 食指和中指併攏，然後自乳房基部螺旋形地輕壓按摩至乳頭；(3) 一手放在乳房上方，另一手放在乳房下方，同時向乳頭擠壓。建議每天各做 3 至 5 回。

餵夜奶增奶量

　　初生嬰兒的胃小，所以會頻密索食，產婦要留意嬰兒的早期肚餓信號。分娩後首兩周，產婦白天應每隔 1 至 2 小時餵奶 1 次，晚上則每隔 3 小時 1 次。在晚上，媽媽的造奶荷爾蒙較多，餵夜奶有助增加奶量。媽媽應兩邊乳房輪流餵哺，以促進荷爾蒙分泌和減少乳管塞的情況，幫助製造乳汁「上奶」。

促進噴奶反射

　　乳腺細胞製造母乳後，母乳會儲存於小泡囊和小乳管內，有許多小肌肉包圍着它們，嬰兒吸吮乳房時，會釋放催產素，並產生信號，當哺乳媽媽收到信號後，包圍着泡囊和乳管的肌肉細胞便會收縮，母乳會被擠進大乳管然後排出。避免痛楚、肌膚相親、撫摸嬰兒、充滿自信、心情輕鬆、充足休息等皆可促進噴奶反射。

飲剩母乳
妙用法

撰文：Helen Ng　插圖：鄧本邦

　　母乳是媽媽給嬰兒的天然食物，不過，嬰兒不一定能全部飲下媽媽分泌出來的乳汁。那喝剩的母乳該怎麼處理？其實，喝剩的母乳還有不少用途的，不要浪費。

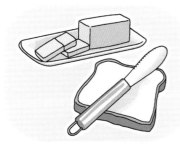

製作母乳牛油

　　牛油是一種從牛奶提煉出來的脂肪性食品。母乳牛油，顧名思義，是用母乳做的「牛油」。做法是將母乳放入密封的容器中劇烈搖動，使乳脂從母乳中分離，成牛油狀物體，成品一樣可以用來塗麵包，作蛋糕、餅乾等。

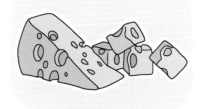

製作芝士

　　芝士是以奶類為原料凝聚煉製的食品，含有豐富的蛋白質和脂肪，一般人想到的奶源包括家牛、水牛、山羊或綿羊等。其實，母乳也一樣可以用來做芝士，在外國便有人用母乳來製造芝士並出售。

製作潤膚霜

　　母乳含有豐富的乳脂和乳糖，可提供極好的滋潤和保濕，充分保護寶寶幼嫩且脆弱的皮膚。使用母乳製作的潤膚霜，一般會加入其他天然的原材料，如乳木果脂、甜杏仁油和橄欖油，有助阻隔水份流失，令寶寶皮膚不易乾燥。

製作手工皂

　　精心製作的手工母乳皂，不含防腐劑、起泡劑、色素和香料，又有母乳滋潤度高的特性，以之來取代市面常見的寶寶沐浴用品，能減少對寶寶皮膚的刺激，溫和滋潤。即使是過期的母乳，也能用來做材料。

製作家居擺設

　　母乳可用來製作其他飾品，例如家居擺設。不少香港人的家中可能沒有空間放置大型擺設，那便可以選擇小巧的飾品，例如母乳乾花擺設、掛在寶寶床頭的飾品等，留個紀念之餘，又可美化家居，一舉兩得。

製作首飾

　　母乳可以用來製作首飾。製作前，母乳須先經過消毒和防腐處理，之後才可造成各種各樣的首飾，例如吊墜、手鏈、手鐲、耳環、髮夾等，可起裝飾作用，美觀之餘，又可留為紀念，長久保存，令母乳的價值昇華。

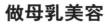

做母乳美容

　　一條頗為流行的美容妙方是直接將母乳塗抹於臉上，或加入綠豆粉拌成泥狀，做成面膜，然後塗抹於臉部，大約敷5 至 10 分鐘，至臉部有繃緊感覺後，用清水沖洗乾淨。能起到美白潤膚的作用，增加臉部彈性。

作個人奶浴

　　若母乳庫存量夠多，不妨用它來給寶寶或自己泡澡，或來個親子共浴！母乳和水的比例，可按照個人需求來調整，一般來説，1 個嬰兒浴盆的水量加入約 100 至 200 毫升的母乳即可，若想清爽些，便降低母乳的比例；若想滋潤些，便多加一點母乳。

母乳入饌

　　母乳可作為水或奶類的替代品，成為不同食品的材料之一。做出來的食品可在寶寶加固時期給寶寶吃，可以令寶寶依舊能吸收母乳中的營養。雪藏母乳經解凍並混合其他材料製作食品，亦能消除母乳的奶羶味，寶寶以外的大人也一樣可以享用健康有營的美食。

製作生活用品

　　有些人不喜歡佩戴首飾，又嫌擺設佔用空間，那便可以利用母乳製作實用性高的物品，例如母乳鎖匙扣、母乳嬰孩安全別針等，這些物品平時也用得上，且能長期使用，陪伴使用者多時。

BB出世
有何準備？

撰文：Fei Wong　插圖：鄧本邦

期待了 10 個月，寶寶終於快要出生了！這時孕婦不僅要做好生理和心理上的準備，更要預備不少用具和計劃產後的事宜。以下一起看看產前有甚麼需要準備吧！

注重個人衛生

　　如孕婦選擇順產，寶寶是會經由陰道出生，因此保持下體的清潔是十分重要的。孕婦必須要每天洗澡，不要只用毛巾抹身體。特別是要清洗外陰部、大腿內側等位置，勤換內褲，而內褲要用潔衣液清洗，並用陽光曬乾。保持下體通爽，防止細菌滋生。

保持每天運動

　　保持每天運動的習慣，除了可以促進血液循環、增強抵抗力和緩解渾身痠痛的情況外，一些順產運動也可以讓孕婦生產時更輕鬆，例如蹲馬步、弓箭步等動作可有助骨盆開展，凱格爾運動則可增加陰道肌耐力，有效預防產前產後尿失禁的情況。

健康飲食習慣

　　整個孕期也不應進食油膩、高糖份、高脂、高刺激性的食物，以免對腸胃造成負擔。因懷孕後期，子宮越來越大，胃部及腸道受到擠壓，導致蠕動也會變慢，這時應多吃蔬菜水果等高纖的健康食物，有助排便暢順，避免便秘及痔瘡。

適量外出走走

　　天氣開始轉涼，孕婦可以多出外走走，例如到郊外野餐、散步，看看優美的風景，呼吸新鮮空氣之餘，也可以分散注意力，減少在家想東想西的鬱悶心情。不過接近預產期的孕婦腹大便便，要更注意安全，外出時有需要可使用托腹帶減輕負擔。

擬定坐月計劃

現在坐月有很多方法，你可以選擇月子中心，或請陪月和家人協助你在家坐月，這些都必須提早預約或計劃，以免產後需要休養時才來煩惱。孕婦最好在分娩前先查好坐月的注意事項，也可以先擬定空閒時的活動，避免想東想西，受產後情緒困擾。

定時進行檢查

隨着腹部越來越大，孕婦行動變得不便，但也千萬不能因為這樣而不去產檢啊！36周之後，產檢的次數會增加至1至2星期一次，以讓醫生觀察寶寶情況，判斷最適合的分娩方式，同時也會有一些產前的化驗項目，大家可以依自己的情況選擇。

準備「走佬袋」

所謂「計劃總趕不上變化」，很多寶寶都會比預產期更早出生，所以一定要先準備好「走佬袋」，到時拿着一個袋子便能進醫院。「走佬袋」必須有孕婦的重要證件及文件，也可以帶一些乾糧補充體力。另外也別忘了準備孕婦衛生巾，避免產後惡露排出造成尷尬情況。

準備新生兒物品

產婦分娩後抵抗力弱，大多都會坐月，讓身體獲得充足的休息，相信不會有太多時間採購新生兒物品。為免生完才手忙腳亂地準備，預產期前一個月便要先採購好寶寶要用的物品，例如嬰兒床、尿片、奶瓶、奶瓶清潔工具、澡盆、純水濕紙巾等。

保持心境開朗

　　越來越接近預產期，除了生理上的改變會讓孕婦感到煩躁外，準備生產的緊張的心情和角色的轉變，也會讓孕婦的心理上承受不少壓力，使她們對周邊環境更敏感。孕婦的家人及朋友應多作陪伴和安撫，關心她們的情緒變化；孕婦自己亦應多與親友傾談，避免胡思亂想、鑽牛角尖。

把握夫妻二人時光

　　隨着新成員即將加入，夫妻二人的角色亦有所轉變，有了新的責任，也要面對新的挑戰。而且產婦在分娩後需要一段時間調理身子，也忙於照顧寶寶，夫妻相處時間相對減少。所以最好把握產前的時光，多點出門散步，約會逛街，享受二人世界的甜蜜吧！

夏日
孕期消閒活動

撰文：鍾卓凝　插圖：鄧本邦

　　夏日炎炎，加上妊娠反應，很多孕媽媽都會留在家中不想動。但其實孕期也有很多事等着孕媽媽們去做呢！與其在家中懶洋洋，不如多活動，好好享受難得的懷孕日子吧！

去書店看懷孕 / 育兒書籍

孕媽媽通常都有許多孕期疑惑，去書店看看孕婦書籍，不但可以多了解自身所面對的問題，更可從中得到許多安胎資訊，減輕孕期的擔憂，有個更順利的孕期。

游泳

游泳是其中一項很好的產前運動，借助水中的浮力，能減輕媽媽因懷孕造成的膝關節痛，並且有效改善四肢水腫的情形。此外，游泳能增強心肺功能，令孕媽媽生產過程更順利。

逛嬰兒用品店

相信不少孕媽媽在寶寶出生前，便已經按捺不住想給寶寶打造一個可愛的嬰兒房，這樣逛嬰兒用品店是必不可少的，也可先調查一下在寶寶出生前需準備甚麼嬰兒用品呢！

參加產前育嬰班

新手媽媽在面對初生寶寶時可能會不知所措，所以坊間有很多產前育嬰班，讓孕媽媽先體驗一下育嬰的生活，可與老公一起參加，一起學習一些正確的育嬰技巧。

寫懷孕日記

懷孕是終身大事，這段具挑戰性又難得的經驗很值得將來回味，所以孕媽媽可以嘗試寫懷孕日記，記下每天身體的變化，也是一種和肚內寶寶交流的好方法呢！

影孕照

很多孕媽媽都會到影樓影孕照，當然這也是很珍貴的體驗。其實孕媽媽平時可多四處逛逛，不但可活動身體，更可發掘不同的特色街景、自然景色打卡呢！

研究營養餐單

如何補身安胎是孕期一大難題。孕媽媽可以多研究營養師建議的餐單，研發合自己口味的有營餐單，又可親自下廚，享受設計食譜及烹飪的樂趣。

向朋友領教育兒心得

多與朋友傾訴可以減壓，如果朋友當中有人已成為媽媽，更可聽其分享育兒心得，孕媽媽也可為自己將來的育兒生活做好心理準備，並獲得一些有用的建議。

參加興趣班

　　培養興趣一向都是陶冶性情、消磨時間的好方法。建議孕媽媽可以嘗試一些能增強專注力的興趣，如寫書法、繪畫等，專注做一件事是很好的減壓方法，釋放孕期壓力。

做一套早教教具

　　教育要從小做起，相信不少孕媽媽都會想像寶寶跟自己牙牙學語的情景，那麼不如孕媽媽先自己做一套早教工具，例如拼音字母卡等，增加教育寶寶的樂趣。

過一個
暖洋洋冬天

撰文：鍾卓凝　插圖：鄧本邦

　　冬天來了，雖然香港的冬天大部份時間都不太寒冷，但孕媽媽也不可輕視保暖的重要性，這個冬天一起做以下事讓身體暖起來，過個暖洋洋的冬天吧！

注意保暖

雖然孕婦普遍體溫都會比一般人偏高，但也不可忽略保暖啊！香港的冬天雖不算太冷，但日夜溫差較大，孕媽媽出門要記得準備足夠禦寒衣物，防止染上傷風感冒。

做運動

做運動不但可以讓身體暖和起來，還有助鍛煉肌肉，讓孕媽媽有更多力量承受胎兒的負荷和迎接分娩，孕媽媽記得每星期做兩至三次運動啊！

喝熱湯

很多人都喜歡在寒冷的日子來上一碗暖笠笠的湯，孕媽媽有時間可以多研究不同功效的湯水，補身養胎之餘，又可以讓身體迅速暖和起來。

在家浸足浴

孕媽媽應避免泡溫泉和浸全身浴，但在寒冷的冬天，孕媽媽想全身溫和起來，可以試試浸足浴，有助其全身血液循環，還可以加上香薰或浴鹽，讓身心更放鬆。

按摩

隨着肚子一天一天變大，胎兒越來越重，很多孕媽媽都會有腰痠背痛的問題，這時候來個舒服的按摩簡直是一大樂事，不過孕媽媽謹記要找合資格的按摩師，以免影響胎兒。

與胎兒一起慶祝聖誕節

在懷胎的 10 個月裏，每個節日都是珍貴的，12 月的聖誕節，這是你和寶寶過的第一個聖誕，孕媽媽應好好記住此刻的感受，好好期待他們出生後的日子吧！

塗保濕潤膚膏

冬天除了寒冷，天氣都會特別乾燥，為了保持肌膚的柔軟嫩滑，孕媽媽不要忘記在洗澡後塗上保濕潤膚膏，因為洗澡後皮膚會特別容易乾燥，長期不保養可能會出現乾燥脫皮的現象。

補充維他命 C

每天補充足夠維他命 C 有助增強抵抗力、預防感冒，因食物中的維他命 C 容易在煮食時流失，孕媽媽平時要補充足夠含維他命 C 的水果，或選用合適的維他命 C 補充劑。

曬太陽

　　即使怕冷的孕媽媽也要偶爾出門散散步、曬曬太陽,既暖身,又可以放鬆心情,兼且可以活動　下筋骨,減少胎兒負荷帶來的不適,曬太陽還可以幫助吸收孕婦必須的維他命 D 呢!

吃火鍋

　　冬天是特別適合吃火鍋的季節,與親友聚首一堂吃火鍋,可以一邊聊聊近況,一邊吃着美味的食物,整個環境都暖洋洋的,可以趕走孕期的鬱悶。

飲食禁忌
孕婦要知

撰文：Wendy Tong　插圖：鄧本邦

為了在肚內的寶寶能健康成長，孕媽都會很小心地挑選適合寶寶的食物，但究竟所進食的食物，是否真的對寶寶健康呢？各位孕媽必須要了解飲食的禁忌，讓懷孕期也能健康地吃，安心地補一補。

生雞蛋生冷食物影響腸胃

任何生雞蛋都應避免進食，因為有潛在沙門氏菌的風險，若不幸染上對胎兒會造成某程度上的影響。另生冷食物容易引起孕婦腸胃不適的問題，若刺激到胎兒，會令胎兒的胎動變得頻繁。

吃生海鮮容易惹菌

　　孕媽避免吃生海鮮，尤其是生魚片，因當中含有許多寄生蟲及李斯特菌，這種菌主要在低溫的環境下存活。所以食物一定要煮熟，也建議蔬果應清洗乾淨再食用，生熟食物也要分開放置，以避免染上李斯特菌。另外，從中醫角度而言，海鮮屬寒濕之食物，多吃更會影響脾胃。

高鈣飲食適得其反

　　懷孕後為了寶寶，孕婦總是擔心缺鈣會影響胎兒發育，便不斷飲用大量牛奶，進食高鈣食物：芝士、鈣片及維他命D等，這樣只會適得其反。其實從日常生活飲食中吸取便足夠，吃得過量反而會弄巧成拙。

高糖食物少吃為妙

　　節日期間難免會進食高糖食品，切記要適可而止，輕嚐也不足為過，切忌暴飲暴食；節日常吃到的糯米製品如湯圓、年糕、甜品及糖水等。這些高糖食物都會誘發妊娠期糖尿病，且血糖偏高的孕媽，更有機會出現妊娠毒血症，故少吃為妙。

柚子及山楂影響體質

　　由於柚子性寒，多吃會令身體陽虛，孕婦不宜多吃或者最好不吃。另外，有些孕媽因懷孕後的影響，感到口淡而吃山楂及楂果製成品，山楂雖可消食化積，也能活絡血液循環，但會刺激子宮收縮，有機會導致流產，故孕婦不吃為佳。

活血化瘀食物不利胚胎

紅麴、咖喱及黑木耳均具有活血化瘀之功效，3種食物的成份都是有機會造成流產。平常食用的咖喱中常使用紅花，它會促進子宮收縮，所以孕婦不宜吃；紅麴可能導致呼吸困難；黑木耳雖有活血化瘀之功效，若是懷孕初期則不利於胚胎的穩固及發展。

咖啡因薏仁增加孕期不適

咖啡因具刺激性，會導致心跳加速、心悸、頻尿等問題，增加孕期不適，影響寶寶發育；薏仁具利水滑胎作用，造成催產。若孕婦吃得太多，更會造成羊水流出，對胎兒有很大影響。而冷凍飲品都會令血管收縮、血液循環減慢，建議孕期應盡量避免。

濃茶及酒精造成畸胎

濃茶含較多單寧，妨礙孕媽對鐵的吸收，易導致缺鐵性貧血，還會令孕媽心跳加快、血壓升高，造成失眠及便秘。酒精影響更嚴重，因孕媽在喝酒時，胎兒也在喝，容易造成畸胎，或罹患「酒精症候群」，後果嚴重。

芒果西瓜誘發寶寶過敏

芒果雖能益胃生津，但屬性濕熱及利尿，對本身有皮膚病的孕媽則不宜食用；西瓜則屬較為寒涼的水果，會影響體內濕熱之氣的排出，誘發寶寶的過敏體質。